铁路工程既有线施工组织管理与技术

《铁路工程既有线施工组织管理与技术》编委会　编著

中国铁道出版社

2017年·北京

图书在版编目(CIP)数据

铁路工程既有线施工组织管理与技术/《铁路工程既有线施工组织管理与技术》编委会编著．—北京：中国铁道出版社，2017.2

ISBN 978-7-113-22722-7

Ⅰ.①铁… Ⅱ.①铁… Ⅲ.①铁路施工—施工组织②铁路施工—施工管理 Ⅳ.①U215.1

中国版本图书馆 CIP 数据核字(2017)第 005322 号

书　　名：**铁路工程既有线施工组织管理与技术**

作　　者：《铁路工程既有线施工组织管理与技术》编委会

责任编辑：王　健　　　**编辑部电话**：010-51873065

封面设计：王镜夷

责任校对：焦桂荣

责任印制：陆　宁　高春晓

出版发行：中国铁道出版社(100054，北京市西城区右安门西街 8 号)

网　　址：http://www.tdpress.com

印　　刷：中国铁道出版社印刷厂

版　　次：2017 年 2 月第 1 版　2017 年 2 月第 1 次印刷

开　　本：787 mm×1 092 mm　1/16　印张：10　插页：3　字数：228 千

书　　号：ISBN 978-7-113-22722-7

定　　价：45.00 元

《铁路工程既有线施工组织管理与技术》编委会人员名单

主　任： 李志义

副主任： 何志军　魏　强　王全献

成　员： 刘树红　赵　健　杨　斌　王永顺　许建军　王　鹏　廖　利

编委会人员撰写分工

李志义： 负责全书策划、主创，对全书终审；负责撰写第一、五章。

何志军： 负责对全书二审；负责撰写第二、十章。

魏　强： 负责对全书一审；负责撰写第一、二、八章。

王全献： 负责撰写第七、八章。

刘树红： 负责撰写第五、六、七章。

赵　健： 承担全书统稿；负责撰写第二、三、四章。

王　鹏： 负责文字和图表校正，负责撰写第二章。

杨　斌： 负责撰写第九章。

许建军、廖利： 负责收集素材；负责撰写第九章。

王永顺： 负责撰写第十章。

前　言

目前，我国铁路建设高速发展，在建大中型项目每年维持在200多个，总体建设规模2万公里以上。涉及既有线施工项目逐年增加，比如2016年开通项目中既有线施工和扩能改造项目共计56个、占比56%。既有线施工具有建设与运输互相干扰大、施工组织难度大、技术方案复杂、安全及工期风险高的特点。

第一，运输和建设的统筹性要求越来越高。枢纽改造、大型站改往往牵一发而动全身，甚至需大范围调整运输组织以配合施工，如重庆枢纽改造、广元站改、贵广铁路老罗堡42号大号码道岔插入等，因此施工方案要和运输组织紧密结合，统筹考虑，互相提供条件，否则难以实施。

第二，施工难度越来越大，工期偏紧。一是随着高铁大规模的投入运营，对沉降和变形要求严格控制，对线路轨道精度的要求越来越高；二是施工环境越来越复杂，随着路网逐渐完善，新线引入既有枢纽有效施工空间越来越小，施工难度越来越大；三是涉及既有线施工往往前期方案研究周期长，后期实施过程中协调工作多，程序复杂，施工周期普遍偏紧。

第三，既有线施工安全压力大。铁路运营安全是永恒的主题，近几年涉及邻近既有线施工每月高达1 800多项，每年涉及既有线施工总计约20 000项，施工安全压力大。

鉴于此，编者从既有线施工组织案例中，精选出了包括既有线施工组织系统管理、既有线施工组织设计编制、邻近既有线T梁及箱梁架设、大号码道岔插铺施工组织、大型复杂站改施工组织、邻近既有线隧道开挖施工组织等十个专题进行了编写，希望对从事既有线施工的建设者提供帮助和借鉴。

本书由中国铁路总公司工程管理中心牵头组织编撰，参与本书编写主要单位有：太原铁路局、哈尔滨铁路局、成都铁路局、济南铁路局、南昌铁路局、广州铁路(集团)公司、津保铁路有限责任公司、唐港铁路有限责任公司、中铁二院工程集团有限责任公司、中铁二局、中铁四局、中铁六局、中铁八局、中铁十四局、中铁十六局、中铁十八局、中铁二十一局、中铁建电气化局、中铁大桥局等。本书编撰过程中，邹田明、李文龙、马书龙、王嵩、唐先国、盖安生、左连芹、罗少华、董宏、江浩、徐敏聪、佟福生、吴艳春、石磊、姚辉、李树峰、李继亮、王永东、李洋、曾绍辉、左继国、黄基富、宋瑞杰、占东辉、姚向奎、毛江平、牛小华、董义伟、赵怀智、鞠鹏、刘景涛、杜西启、刘成和、张洪星、张云彪、刘钧、王原平、秦青俊、王林冲、张兴峰、彭斐、谢华灿、张兵、郭甲祥、罗伟波等同志参与资料收集与编写工作，在此一并表示感谢！

本书可供从事铁路建设、运营安全管理和施工、设计、监理等相关管理和技术人员使用；也可供高等院校师生施工组织设计或建设课程教学案例分析使用。

由于编者水平有限，加之编写时间仓促，书中难免存在瑕疵，敬请广大读者不吝赐教，以利改正！

编　者

2016 年 11 月于北京

目　录

第一章　既有线施工组织系统管理

既有线施工组织是一个非常复杂的项目管理系统，不但涵盖铁路工程建设的各个专业，也需要运营和设备管理单位的各专业密切配合，同时不同体系、不同专业之间的接口管理也非常复杂。既有线施工组织管理具有不同于新建线路的以下特点：

(1)既有线运营安全风险高。既有线改造或邻近既有线施工对既有线运营安全影响很大，比如不断修改信号控制软件，容易出现错误导致行车失控；在既有线旁施工桩基或者填土，可能引起既有线桥梁或路基沉降变形影响行车；大型吊装作业或大型机械设备倾覆有可能破坏接触网等设备。

(2)施工组织计划更加精细。施工时间只能在固定的天窗点内，并且施工场地狭窄，大型机械设备的使用受到限制，施工流水作业难以展开，比如大号码道岔插铺在集中时间内组织大量人力物力、大型站场改造需要多步过渡等，施工组织更需要精细化管理。

(3)施工技术复杂。由于施工组织的外部条件十分苛刻，需要采取特殊的工艺工法才能满足工程建设，比如邻近既有线隧道控制爆破技术、高边坡开挖爆破控制技术、小间距架梁技术、既有线施工安全防护技术等。

(4)协调工作量大。由于既有线施工对运营影响较大，在方案研究审批、施工要点计划、安全协议签订、施工安全监控、施工组织配合等方面，建设单位需要与设备管理单位进行大量的协调，密切配合，共同组织，才能保证项目建设顺利实施。

本章结合广州铁路(集团)公司组织石长铁路增建二线工程的实施来介绍既有线施工组织系统管理的做法。

第一节　工 程 概 况

石门至长沙铁路增建二线工程下行线、上行线共需新建线路 310 km，其中 154 km 并行且紧邻既有石长铁路，线间距离普遍 4.2 m。线路速度标准由 120 km/h 提高到 160 km/h。既有单线开行客车 18 对，货车 25 对，线路较为繁忙。增建二线与营业线相互影响较大，比较典型的工程有：

（1）邻近营业线的高陡边坡或深路堑开挖。采取机械开挖或控制爆破开挖方法，控制滚石落到运营线路危及行车安全。邻近既有线路基如图 1-1 所示。

图 1-1 邻近既有线路基

（2）小线间距架设 T 梁。澧水特大桥在一期建设时预留复线桥墩，增建二线时在营业线旁架设 T 梁，线间距最小处只有 4.0 m，部分地段为曲线。邻近既有线架梁如图 1-2 所示。

图 1-2 邻近既有线架梁

（3）下穿或上跨营业线顶进桥涵或新建公跨铁桥梁等结构物，施工场地狭窄，施工组织困难。结构物上跨如图 1-3 所示。

图 1-3 结构物上跨

（4）营业线拨接、站场改造、电气化改造和换装 LKJ 基础数据。线侧施工，过渡频繁，施工组织难度较大，安全控制格外重要。如图 1-4～图 1-7 所示。

图 1-4 电气化改造

图 1-5 既有站改造

图 1-6 线路拨移

图 1-7　交叉换边施工

第二节　构建系统管理模式

一、既有线施工组织系统管理主要内容

系统管理主要应用系统理论原理，全面分析企业或组织的管理活动和管理过程，重视组织结构和管理模式，建立系统模型进行分析。其主要思想是：系统是由相互联系的要素构成的，强调系统的整体性和系统的层次性管理，强调决策的重要性；要求决策者运用权变理论随机制宜的进行管理。

从前文所述既有线施工组织管理的特点看，既有线施工组织系统管理包括：(1)在组织构成上，建设单位、施工单位、设计单位、监理单位等参与建设的单位与设备运营管理单位建立密切的系统管理组织。(2)在领导决策上，建立以铁路局主要领导为组长、各单位分管领导参加的领导决策组织机构，统一行动，杜绝各自为政。(3)在行为过程控制上，系统管理的各个单位建立既有分工又有合作的安全质量、技术管理等一体化管理体系，包括规章制度、文件执行以及会议制度等。(4)在监督管理上，铁路局成立以党办、人事、纪委等部门参加的考核组织，监督各项工作的落实，强化纪律约束。

二、领导高度重视，成立现场管理机构

领导重视程度对推动工作起到决定性作用，领导层及时决策、现场办公是解决存在问题的好办法。针对石长铁路增建二线工程邻近营业线施工的工程量大、工期紧张的情况，广州铁路(集团)公司党政主要领导高度重视，在 2014 年 9 月至 2015 年 10 月一年间，先后 9 次平推检查、现场办公，及时协调解决重点难点问题，真正形成了整个集团公司合力而为的“大管理”格局。

成立推进工作组进驻现场，明确由集团分管建设领导任组长，靠前指挥，全面推进项目建设。下设工程推进和运输保障等两个工作组，工程推进工作组由建设

管理处牵头,运输保障工作组由运输处牵头。

三、统一施工安全管理办法,明确管理流程

设备管理单位的安全管理工作是制约工程推进的重要因素,在施工安全协议签订、收取配合费、现场配合等问题上矛盾日益突出。为了加强铁路建设工作,规范营业线施工配合管理,形成良好的施工配合机制,确保施工配合规范有序,集团公司制定了《营业线施工安全配合管理办法》。该办法主要内容包括:一是办理营业线施工许可时,按规定标准向集团公司交纳施工安全风险抵押金;二是施工方案经相关专业处室组织审核批准后,明确设备管理单位和行车组织单位必须在 3 个工作日内与施工单位签订施工安全协议,专业处室必须在 2 个工作日内审批完毕,安监室必须在 2 个工作日内审核完毕;三是施工配合执行签到登记制度;四是配合单位、设备管理和行车组织单位每季度末按施工标段填写《营业线施工配合工日统计表》交施工单位,施工单位复核并计算施工安全配合费后于季度末次月 5 日内报项目管理机构,项目管理机构季度末次月 7 日内审核完成,返配合单位、施工单位各一份,并督促施工单位在 10 日内向相关配合单位支付,各配合单位应按收到的配合费金额向施工单位开具税务发票。

《营业线施工安全配合管理办法》主要解决了过去配合费收取没有标准,影响安全配合协议签订,进而影响后续各项营业线施工手续正常办理,导致不能正常施工的问题。

四、建立一体化管理体系,系统高效有序运转

建设、运输、工务、电务、供电等相关单位组成的现场工作组建立一体化管理体系,使管理系统高效有序运转。

(1)交班会制度。每天定时组织召开交班会,主要工作内容是:了解掌握现场推进情况;督办解决重要事项;集中审核审批施工方案和要点工作计划,并按照特事特办原则补批施工计划。如,在 2015 年,按程序审批月度施工计划 1 659 条,特事特办审批补充月度施工计划 583 条,大大提高了工作效率。

(2)运输保障工作。运输保障组人员深入施工现场,检查指导施工组织、安全防护等工作,积极征询施工、设备管理单位意见,优先安排影响工期节点的重点和关键施工项目。主要采取以下措施:一是根据运量需求,停开少量短途旅客列车。二是优化跨线列车运输组织,调整客货车开行时间和对数,实行施工分号运行图,将施工天窗由 3 h 扩展到 6~7 h,为加快施工进度创造好的条件。三是创新天窗给点方法,将“V”型天窗的单边一日一次给点创新为一日二次。四是从有利于工程建设角度出发,规范等级管理,适当增加允许慢行区段的数量,如该段 263 km

线路范围内，慢行处所最多时达到允许6个。五是周六、周日和节假日期间照常安排施工天窗。六是及时开通工程线路，畅通路料运输通道。根据改造后车站设备验收情况，及时下发工程线开通电报，批复相关行车组织办法。2015年石长全线共开通工程线24站32条(次)，发布工程线开通专项电报25份。七是成立路料运输协调小组，在路料主要装车挂运站安排专调机车，实行专人盯控，开行道砟运输专列，督促施工单位调集专用车辆，采取扩大列车编组、集中运输方式解决工程所需的大批量路料。

(3)组织管理和沟通协调制度。一方面，建设单位建立信息管理渠道，有效提高施工日计划提报质量和兑现率；加强与湖南省及沿线市、县区地方人民政府的沟通协调，加强舆论宣传引导，及时组织召开路地协调会，解决资金不到位、村民阻工等问题。另一方面，设备管理单位加强内部人员调剂，参加信号设备过渡、接触网改造、轨道大机捣和精捣精调等施工过程检查和指导，及时处理施工质量问题，验收一次达标。

第三节　安 全 管 理

一、全员重视，树立"大安全"管理理念

安全是既有线施工管理的基础。树立全员参与的"大安全"管理理念，从源头把关、过程控制、考核管理等各个环节制定和落实安全措施，是既有线系统管理的重要内容。集团公司领导层的重视是推动全员重视、全员参与安全管理的根本，从主要领导到分管领导，从分管领导到分部负责人，再到每个参建员工，从上到下，层层传递，树立起全员"大安全"管理理念。工作推进组负责具体管理工作落实，每周组织参建单位和配合单位召开一次大型推进会，掌握全线营业线、邻近营业线施工安排计划，防止无序施工。每次推进会都形成会议纪要，安排专人跟踪落实会议所确定的事项，确保得到贯彻落实，并在下一次会议通报、考核。

二、制定切实可行的物理隔离措施

邻近营业线施工物理隔离防护是硬性要求。经过认真研究，制定《邻近营业线施工物理隔离防护指导意见书》，指导参建单位设置好邻近营业线施工物理隔离防护。主要是：

(1)明确设置邻近营业线施工物理隔离设施不影响施工、不影响安全、操作性强、经济实用的原则。

(2)以营业线路肩面为基准点，邻近营业线大型施工机械(含运输车辆)的走行面标高大于等于－0.5 m，且走行径路与营业线之间若没有足够的缓冲空间或

可靠的隔离设施，应在走行径路靠营业线一侧设置钢轨桩、防撞墩、钢(轨)管桩竹排、钢管铁蒺藜网等隔离设施。

(3)相应地段(或处所)不具备条件按标准设置隔离设施，或设置后影响施工的，或施工持续时间较短的，采取不使用大型施工机械或大型施工机械进入时申请施工天窗。

(4)从上往下分层挖除营业线旁路堑的过程中，开挖作业面靠营业线一侧始终保留厚不小于 1 m、高不小于 1 m 的原状土作为防撞墙，同时应在路堑护坡顶端等合适处所设置钢管(或钢轨)桩竹排阻挡可能下溜的土块或石块。

(5)明确钢轨桩、防撞墩、钢管(轨)桩竹排、钢管铁蒺藜网等不同类型物理隔离设施的设置标准。

(6)明确不具备按标准设置的处所，按照"一处一案"原则，由建设单位组织设计、施工、监理、运营单位共同研究确定，在施工方案中明确。

(7)明确超出原设计防护措施的费用，按规定程序纳入变更设计范畴。《邻近营业线施工物理隔离防护指导意见书》解决了邻近营业线施工物理隔离防护设施没有标准可依的问题，有效降低了邻近营业线施工安全风险。

三、制定专门的工程线安全管理办法

制定《复线建设工程线安全管理办法》，加强工程线的安全管理。主要内容包括：

(1)在并行营业线且线间距小于 6.5 m 的工程线地段施工，纳入邻近营业线施工管理范围，严格执行营业线施工安全管理办法的有关规定。

(2)采用铺轨机铺设与营业线线间距小于 4.8 m 的新线线路，必须采用偏铺法，确保轨排落地后与营业线之间距离不小于 4.8 m。

(3)不满足与营业线普通列车交会条件的铺架设备，不得在并行营业线地段的工程线上使用。

(4)营业线通行超限货物列车，货运处必须将有关电报发给建设单位(现场指挥部)，由建设单位将电报传达到有关铺架单位。超限货物列车通过营业线的前一天，铺架单位必须将铺架设备及工程列车调运至铺架基地或与营业线线间距符合超限货物列车交会条件的地段。超限货物列车通过当天，严禁工程列车在并行地段运行和停留。

(5)铺架单位建立工程线并行营业线地段的线间距检查监测制度，确保线间距不小于设计值。工程线养护维修作业后，应测量相应地段与营业线之间的线间距。

(6)超限工程列车不作业时，施工单位不得将其停放在并行营业线地段的工程线上。

(7)制定施工方案的同时,要制定安全防护措施和安全盯控专项方案。实施过程中有关管理人员严格按照安全盯控专项方案开展盯控。

四、完善会议安排制度

为了强化施工前的方案制定和方案布置等准备工作,过去的一般营业线施工,运输部门组织召开协调会、预备会、总结会(简称“老三会”),但在实际操作准确性上存在不足,为解决实际问题更有针对性,制定了“新三会”制度。每一次营业线施工和邻近营业线施工,组织召开日施工方案制定会、日施工方案布置会、日生产会(简称“新三会”),建设、施工、监理以及设备管理等单位参加。“新三会”主要内容包括:参建单位和监督管理单位共同制定每次施工的方案(一次施工一个方案),面对面地直接向施工操作人员提出具体要求,全面掌握现场施工动态。

五、加强现场控制,强化考核

由安监室牵头,管内各施工安全特派组、行车安全特派组抽调多名经验丰富的安全监察人员,成立若干个现场安全盯控组,按照“定人、定区域、定时间、定关键”的原则,安排盯控人员,深入现场开展监督检查。重点检查施工方案、安全监督方案及日计划的审查情况,施工会议的安排落实情况,调度命令的发布、签收、传达情况,施工封锁前的准备、防护设置和开通放行列车条件的确认等。同时,安监室派出特派组进行添乘,检查现场设置防护、物理隔离设施、下道避车、大型施工机械“一机一人”防护、列车来临大型施工机械停止作业、列车来临时施工车辆停止运行、材料堆码等情况。对施工引起的事故,按照“预防为主、抓小防大”的安全管理方针,严格定性定责和考核,强化隐患问题和事故的管理,敦促参建单位积极采取措施,加大安全投入,降低施工安全风险。

第四节　施工组织设计动态管理

一、不断优化施工组织方案

按照“分段推进、分段验收、分段开通”的总体指导原则,优化施工组织措施,以“线路铺架和LKJ数据换装为主线,尽可能减少LKJ基础数据换装次数”为原则安排和优化施工组织方案。通过不断优化,LKJ基础数据换装次数从原计划的61次减少到35次。

施工过程中,采取必要的措施,尽量做到施工和运输互不干扰,优化施工方案。例如益阳站二站台地道主洞身施工,采取了“搭建临时站台、施工和运输临时隔离”的方案。即在封锁的4道上搭建临时站台，将上行正线临时改为到发线使用，实现24小时施工和旅客列车正常运营互不影响的格局，既提高了施工效率，又确保了旅客运输秩序。

根据分段开通的安排，及时调整铺架方案，保证工期。在两个铺架标段两台铺架机组的基础上，增加一个铺轨区段，并在每个铺架区段配备两台铺轨机组，6台铺架机组同时铺架。同时合理增设梁场和调整制梁计划，调整钢轨供应和钢轨焊接计划，有效保证了工期目标。

二、合理组织，有效综合利用天窗

通过调度统一组织，打破不同专业施工之间的限制，综合利用天窗，提高天窗利用效率。如益阳站新建地道施工，原方案中采用封锁施工方案，不但与其他专业施工有冲突，还影响旅客列车接发和旅客乘降，危及旅客上、下车人身安全。通过现场多次踏勘，反复研究讨论，确定采取共用站前单位封锁时间，在封锁线路实施线路升级改造的同时，房建专业利用共用天窗进行雨棚拆除、站台增高、地道开挖及混凝土浇筑施工的方案。线路开通时同步开通站台，减少了过去依照先后顺序排队施工对行车带来的干扰，提高了天窗综合利用效率。

三、优化资源配置，加强现场管理和考核

在营业线施工条件得到有效改善的同时，施工单位加强资源配置，增强合同履约意识，保证人员、机具设备、资金等施工要素投入满足施工需要。建设单位在组织推进中，每天组织召开日交班会，每周组织召开大交班会，梳理主要剩余工作量，分析上一周期的实际进展和存在问题，倒排工期，督促参建单位做到以日保周，以周保月，确保每一个施工节点顺利兑现。加强考核，对未兑现相关节点工期的，严格按规定纳入当期施工企业信用评价考核，以及激励约束机制的经济考核体系。

四、建立良好的施工环境

政法综治部门牵头，与铁路公安部门、沿线地方政府及公安部门联合行动，加强宣传，提高沿线村民的安全风险意识，加大施工现场和线路巡查力度，共同维护良好的施工环境和秩序，为项目有序推进创造条件。

第五节　小　　结

既有线施工组织系统管理，必须是在铁路局(集团公司)统一组织下，建设和运输系统高度融合的基础上，建立起来的超出以往建设项目管理范畴的“大管理”

格局。构建系统管理组织模式，首先要得到企业主要领导人的有力领导；其次要建立组织机构，各负其责；最后要建立完善的管理制度和有效的监督与考核机制。广州铁路(集团)公司制定的《营业线施工安全配合管理办法》规定了营业线安全配合费用收取的标准和程序，对有效推进工程建设发挥了巨大作用。

安全管理是既有线施工管理的核心。在系统管理模式中树立"大安全"的理念，实质上是形成各参建和运营管理单位齐抓共管的格局，而不是相互扯皮、相互牵制的不利局面。物理隔离措施解决了安全防护的实际操作问题，工程线安全管理办法规定了切合实际并且细致的操作流程，"新三会"制度更倾向于现场实际操作，这些规定对既有线施工安全控制形成了制度保障。

按照"分段推进、分段验收、分段开通"的总体指导原则强化施工组织设计动态管理，按照"合理组织，有效综合利用天窗"以及"采取必要的措施，尽量做到施工和运输互不干扰"的原则，不断优化施工方案，保证工期目标的实现。

第二章　既有线施工组织设计编制技术

施工组织设计是指导项目建设的纲领性文件。第一章介绍了既有线施工组织管理具有不同于新建线路的特点，在既有线施工组织设计编制时应充分考虑。

既有线施工组织设计编制的总体原则是：在保证运营安全和施工质量的前提下，以优化工期、资源配置和投资效益为目标，结合工程和运营线路实际，坚持施工和运营兼顾、尽量减少施工和运输相互干扰的原则，采取必要的工程措施或过渡方案，优化设计方案和运输组织，对工程建设进行"全项目、全过程、全要素、全目标"规划与组织，保证各项建设目标的实现。

既有线施工组织设计编制的总体思路是：以铺架线为主线，以站场改造和线路拨接为节点，统筹安排线下工程施工顺序；以开通后方线路为保障，统筹安排新增线路开通计划，保证物资运输；合理划分施工区段和施工单元，统筹安排要点计划和优化运输组织，保证施工时间。在项目实施过程中，要严格执行确定的施工组织设计，在确保安全、质量、工期的前提下，结合实际情况进行动态调整，实现建设目标。本章结合滨州电化改造、南百铁路增建二线、成昆铁路扩能、宁西铁路增建二线等施工案例介绍既有线施工组织设计的编制。

第一节　主要内容和编制方法

一、主要内容

既有线施工组织设计编制内容与普通铁路基本相同，但由于既有线施工的特点较为突出，侧重点有所不同。

1. 编制依据、编制范围及项目概况

编制依据主要包括各种法律法规及合同明确要求的相关规定、批复文件以及当前铁路建设的技术管理水平、施工装备水平和施工组织调查报告；编制范围主要包括正线起迄地点、里程、长度以及枢纽、联络线等相关工程；项目概况主要包括既有线的基本情况，本线的技术标准、工程特点、控制工程、重难点工程以及建设项目所在地区自然特征、交通运输、沿线资源等情况。

运营线的运输状况对邻近既有线施工影响较大，直接影响作业时间，应在项目概况中进行详细说明，包括允许施工的运输列车时间间隔、能提供的慢行时分及既有铁路天窗点等。

2. 施工组织安排

施工组织安排是指导性施工组织设计的关键内容，对项目建设能否成功起到决定性作用。首先确定建设总体目标，包括质量、安全、工期、投资、环保、文明施工、技术创新以及社会稳定等方面的管理目标；建设组织机构和任务划分，包括管理模式及建设组织机构，设计、监理、施工单位现场组织机构，设计、咨询区段划分及施工标段划分；总体施工安排和主要阶段工期，一般情况下要服从可研或初步设计批复的总工期要求，考虑季节性等因素，合理安排总体施工顺序及主要阶段工期。

(1)施工准备和建设协调方案

施工准备除包括征地拆迁及管线迁改的推进计划、施工图供应计划、工程招标计划、施工物资供应计划、外电引入建设计划以外，既有线施工组织最为重要的是对既有线营运状况进行详细的调查。包括：对既有线运输组织进行详细调查，分析可施工作业的时间，根据总工期安排及阶段性工期安排，合理确定既有线或邻近既有线施工施工组织顺序和施工资源调配组织；对既有线设备设施进行调查，特别是利旧设备在施工顺序上如何倒接，要做出详细安排；尽量优化设计方案，减少过渡工程。

同样，建设协调方案除征地拆迁协调、图纸供应协调、外电引入协调、与沿线公路部门协调、与环保水保部门的协调外，既有线施工组织与设备管理、运输管理单位的协调至关重要，按照第一章所述建立建设、运输、设备管理单位共同参与的系统管理体系，对保证施工顺利推进和运输安全十分重要。

(2)工程接口及配合

既有线施工工程接口十分复杂，总体施工组织安排中应梳理施工线与营业线、站后与站前各专业间、不同标段之间的接口与配合关系、运输组织安排以及占轨作业时间安排，做好施工与营运、专业和标段间的接口与配合工作。

(3)动态检测

根据既有线扩能或改造标准，确定开通与达速的施工组织安排，进一步明确进行动态检测(综合调试或联调联试)组织方案。一般情况下按照“先按现状开通，再进行提速试验”的组织方式进行安排。

(4)绘制相关图表

包括施工总平面布置示意图(含线路纵断面图)、总体施工进度计划横道图、施工组织形象进度图等。既有线施工组织设计图、综合施工进度形象图和分区段要点施工计划等图表直观明了、使用方便，本章将做专门介绍。

3. 大型临时设施和过渡工程

既有线施工中，大临设施和过渡工程十分重要。由于既有线施工区段划分考虑因素较多，除线下重难点工程外，还包括站场改造、换边拨接、分区间开通等，需要认真规划铺架方案和过渡措施，从而合理设置大型临时设施和过渡工程，以满足工期需要。施工过渡方案和开通方案应与运输、设备管理单位共同研究确定。

4. 控制工程及重难点工程施工方案

除了新建隧道、桥梁等控制工期的重难点工程外，既有线施工重难点或控制性工程还应包括：站场改造工程、既有线设备设施加固改造工程、涵洞接长或顶进工程、换边及龙口拨接工程、铺架工程、既有线电化工程等。应分别编制项目的施工组织方案及施工安全控制方案。特别是邻近高速铁路施工的，施工方案应对既有高铁线路的安全影响进行评估，制定沉降观测方案，施工过程中加强观测。

5. 各种管理措施

包括标准化管理措施、质量管理措施、安全生产保证措施、工期控制措施、投资控制措施、环境保护措施、水土保持措施、文物保护措施、文明施工措施、节约用地措施、冬季施工措施、夏季施工措施、雨季施工措施、路基桥梁沉降控制及观测措施、预警机制和应急预案、信息化管理等。其中既有线施工安全控制措施最为重要，既要保证施工安全，又要保证运营安全。

其他一些相关内容包括资源供应计划、各工程施工方案及各种图表等详见相关规定，不再赘述。

二、编制方法

既有线改造或扩能及邻近既有线施工工程的施工组织设计有不同于新建线路的特点。

(1)确定控制性工程工期节点。研究优化控制性工程施工方案，确定动态检测方案和时间安排，满足总工期要求。

(2)确定"分段建设、分段验收、分段开通"的总体建设方案。既有线扩能改造项目一般都是运输急需项目，早日开通对缓解运输压力十分必要，建设应统筹考虑。一般以控制性工程为分界点，综合考虑调度区划，对于工程较为简单的区间考虑先期开通。

(3)研究优化铺架方案，合理划分施工区段。在总体建设方案确定后，研究确定铺架方案，确定铺架线，划分施工区段满足铺架时间节点要求。其中施工区段划分应包括整区间，铺架方案要考虑站改工程和换边铺架施工方案。

(4)确定每个施工区段的施工顺序。考虑信号专业软件换装的时间间隔要求，合理安排站改施工顺序。考虑调度区划，对区间内涵洞接长或顶进较多的区间或区段，尽量集中组织实施，合并使用慢行时分。

(5)确定区段内重难点工程施工组织方案。

三、滨洲电化改造项目指导性施工组织设计编制内容和方法

1. 工程概况

滨洲既有线电气化改造工程位于黑龙江省西部和内蒙古自治区东部，东起哈尔滨站，西至满洲里站，线路全长 933 km。全线现状电化改造，改建改线 122 km，改造 29 个车站，道口平改立 60 处，正、站线路基土石方 604.7 万 m^3，新建 17 个牵引变电所，架设接触网 3 183 条公里，整治病害隧道 3 座，加固铁路桥梁梁体 4 座，正线铺轨 173 铺轨公里，道岔 570 组，道砟 97.2×10^4 m^3，房屋 16.35 万 m^2。项目划分为 7 个施工标段（土建 4 个、房建 1 个、四电 2 个）。施工总工期 30 个月。

既有滨洲线是连接哈尔滨至满洲里的干线铁路，承担着哈尔滨局 50%以上的货运量，日均客货列车 78 对，既有垂直天窗不超过 2 h，施工作业时间极为紧张。运输对施工要求高，施工和运输相互干扰大。

2. 编制内容

施工组织设计的内容主要包括：编制依据、工程概况、施工组织方案、施工进度计划、重点工程施工方案、大临及过渡工程设置、施工现场布置、资源配置方案、管理措施、风险控制方案等。

滨洲电化施组编制中，根据项目特点，以多处站改施工和桥隧病害整治等重点工程为主线，深化研究了各项施工过渡方案和换边施工方案，充分利用天窗点实施架梁和铺、换轨作业，着重编制了施工安全控制方案，对既有线安全影响进行评估并采取针对性措施。

3. 编制方法

在滨洲电化施组编制过程中，结合项目特点，按照“四加一减”的思路和方法编制指导性施工组织设计。

(1)加深轮廓方案研究。铁路局建设处牵头，组织各业务处室和设备管理单位对工程轮廓性施工计划和施工组织方案多次进行专题研究，从运输组织调整、预先申报集中修天窗、修订营业线安全管理措施、改进工艺工法等方面不断加深和优化完善，使施组更具有可操作性和实施性。

(2)加细重点方案分析。细化施工方案，通过抽减车流、调整站内接发列车方式等运输组织措施，采取“分场、分片”等实施方式，增加天窗时间，减少施工场次、临时过渡和天窗数量及时长，保证大型站场改造的有效施工时间和方案落地。

(3)加点特殊时段施工。铁路局在施组编制时与运输计划紧密结合，根据施组安排调整阶段运行图，优化列车对数的铺划，将天窗时间由原来的 1.5 h 延长到 4 h。同时通过调整运输组织，为施工增开昼间天窗，解决了施工时间不足的问题，切实为施工作业创造了条件。

(4)加码天窗作业内容。协调各施工单元共用天窗,包括站前工程与站后工程共用天窗、设备管理单位与施工单位共用天窗、基建施工与线路大修作业共用天窗等措施。通过与设备管理单位共同划定全线各作业单元,严格确定各区段作业界面,极大的提高了天窗综合利用率。

(5)减少运输影响。一种方案是部分施工项目由邻近营业线 A 类纳入 B 类施工,减少天窗需求;另一种方案是采取区域封锁的施工方法,扩大施工作业面,集中施工。

第二节　施工组织方案

施工组织方案编制中,确定开通方案、确定施工区段、确定施工组织顺序以及工程接口方案是重点。本节分析成都至昆明扩能改造工程成都至峨眉段施工组织方案。

一、工程概况

成昆铁路扩能改造成峨段正线长度 131.40 正线公里,桥梁总长 14.870 km,路基土石方 1 125.43 万 m^3,改建 13 个车站,新建、改建、接长涵洞或框架桥 468 座,新建、改建人行天桥 33 座、公路桥 13 座、渡槽 7 座,与既有成昆铁路 5 次换边,既有线接触网拆除改建 119 km。增建二线与既有线最小线间距 5.0 m,全线基本为既有线(邻近既有线)施工。批复总工期 36 个月。线路平面图如图 2-1 所示(见书后插页)。

二、施工组织方案

1. 确定控制性工程

根据分析,全线控制工程为:既有线接长或新建涵洞(框架桥)数量庞大,受慢行时分限制,工程组织难度大;青龙场、彭山、夹江、眉山、峨眉 5 站站改工程量大,工程复杂;新岷江大桥工期较长。

2. 确定开通方案

根据控制性工程和全线工程难易程度,全线分 5 段开通,每完成一段开通一段,开通顺序为夹江—鲜滩→鲜滩—青龙场→青龙场—花龙门→花龙门—成都南→夹江—峨眉。开通方式按照既有线运营管理现状开通,待全线全部完成后利用垂直天窗进行动态检测,达速达标。

3. 确定铺架线路和大临设置方案

由于全线站场改造和涵洞施工量大,采取“先架后铺”的铺架方式,给线下施工预留较长的工期条件。在夹江设置 1 处铺轨基地，在眉山设置 1 处轨排换装站、1 处长钢轨存放场，在青龙场、新津设小型铺轨基地，夹江设置制梁场一处，眉山设置存梁场一处。

4. 确定站场改造方案

以确保铁路运输安全为前提，在兼顾既有线、站运输的情况下，结合全线铺架进度适时进行各既有车站站场改造施工；以既有设备停用时间和封锁点最少，即对运输干扰最小为目标，不断优化施工方案；尽可能利用既有设施、设备进行施工过渡，做到永临结合，减少过渡工程，从而达到投资最省的目的；站改安排在时间上与铺架方向基本一致，即一般在该站两头区间铺架完成后进行，特殊情况下，如当车站无法简单过渡形成径路时，可以先改造车站以便为铺架提供施工径路。

站改施工组织安排：

(1)按先易后难的原则，首先进行太和、新津、鲜滩、思蒙、双福站站改施工。其中太和、思蒙、双福站增加到发线各一条，可提高成峨段运输通过能力，为大站改造创造条件。

(2)按铺架通道先后顺序进行站改施工。眉山至回龙庵换边点铺架完成后，在新津附近设置简单铺轨基地，T 梁通过既有线运输，可对眉山、彭山、青龙场站进行站改施工；新津至双流铺架完成后，先后对花龙门、公兴、双流进行站改施工。

(3)峨眉站涉及新站房建成后过渡，站房完成后启动站改；夹江站需全线铺架完成后才能建新货场，最后安排夹江站改。

5. 确定涵洞施工组织方案

全线新建、改建、接长涵洞和框架桥工程量大，同时改建车站、线路换边、既有线接触网拆除改建等，需要天窗及慢行施工非常多，对成昆线正常运输影响较大。由于成都至峨眉为一个调度区段，按设置两处慢行计算，需要按每处 5 km 进行慢行施工，涵洞及邻近既有线施工管理的相关工程按照慢行区段(5 km)顺序组织施工，计算完成线下涵洞及框架桥成都方向需要连续施工 26 个月，峨眉方向需要 23 个月。综合既有成昆线运能异常紧张、专特运多的特点，以及考虑节假日影响，3 年工期非常紧张，需采取整合措施，为施工创造条件。一是调整列车运行图，设置三处 3 km 的慢行点，并延长天窗时间；二是对部分接长涵洞采取顶推的施工方法，尽量减少慢行长度。

6. 确定工程接口管理方案

工程接口中，四电专业与站前、站房工程关系最紧密，相关施工和技术配合见表 2-1、表 2-2。

表 2-1　各相关专业施工配合关系表

配合专业	施工配合内容	施工配合措施
路基—接触网	接触网基桩定点、开挖	参加技术交底，现场配合，保证基坑标准和质量
接触网—桥梁	桥墩预留接触网钢柱位置，在桥梁上的电缆槽道要绕过接触网钢柱	共同核对资料，现场配合
远动—通信	通信工程给电力、电气化提供远动通道	电力、电气化远动系统调试之前提供可靠的传输通道，并配合调试
电力—通信、信号	电力工程给通信、信号工程提供可靠的电源	在通信、信号设备调试之前提供可靠的电源，保证设备正常运行，电缆径路的协调配合
变配电—房建	配合预留出室内墙上设备预埋地脚螺栓的孔位，减少后期变电施工中对房建已完工程的破坏，做好综合接地预埋、预留工作	房建施工时，督促施工单位向各所派驻工程技术人员进行施工配合，内容包括设计图纸的核对，沟、槽、管、洞的预留及预埋等
变配电—电力	协助办理变电所用电协议	提供技术资料，通报施工情况，施工时请求现场配合
接触网—通信、信号	接触网与信号机的绝缘距离、信号显示要求。变电所回流电缆与信号扼流变压器的连接。支柱或基础与通信、信号电缆沟位置冲突	互相提供平面布置图、共同核对专业设施的位置关系，接触网施工定测邀请通信、信号配合； 设计方案向通信、信号专业通报，施工时请求配合
接触网—三电迁改	三电迁改应满足接触网施工要求	三电迁改应根据接触网施工进度，做好施工组织与安排，保证接触网施工及送电开通的进行
接触网—变电	变电所回流电缆与接触网回流线的连接，变电所馈线方向与接触网供电方向一致	共同核对图纸，共同进行施工定测，共同确定材料申请的名称、规格、数量和施工范围
接触网—隧道	隧道预留接触网下锚位置，预埋隧道滑槽，按图施工，做好综合接地预埋、预留	共同核对图纸，接触网施工单位派人配合隧道施工
变电所—隧道	预留隧内分区所、AT 所位置，预留电缆过轨方式	
电力—隧道	预留电力电缆沟和箱盒位置	共同核对图纸，配合隧道施工
电力—接触网	接触网隔离开关、负荷开关操作电源	接触网提供资料给电力，现场交底和配合

表 2-2　各相关专业技术配合关系表

配合工序	技术配合内容	技术配合措施
接触网基础—路基	接触网在路基上进行下部工程施工	施工时注意保护路基，保证水沟畅通、路基清洁，施工后恢复至原样或按设计规定施工，保证路基稳定
接触网—隧道	接触网隧道预埋滑槽的施工	了解隧道断面结构，必要时请求配合，施工后保证隧道表面清洁、完整和美观
接触网—桥梁	桥钢柱预留基础螺栓的技术状态	对已完部分共同确定技术方案，施工中注意对桥梁的保护
接触网—轨道	接触网的上部施工基准	获取交桩数据，接触网施工前请求提供轨道竣工数据
变电—电力	协助办理变电所用电协议	提供技术数据，通报施工情况，施工时请求现场配合
接触网—通信、信号	接触网与信号机的绝缘距离、信号显示要求。变电所回流电缆与信号扼流变压器的连接。支柱或基础与通信、信号电缆沟位置冲突	互相提供平面布置图、共同核对专业设施的位置关系，接触网施工定测邀请通信、信号配合； 设计方案向通信、信号专业通报，施工时请求配合
接触网—变电	变电所回流电缆与接触网回流线的连接，变电所馈线方向与接触网供电方向一致	共同核对图纸，共同进行施工定测，共同确定材料申请的名称、规格、数量和施工范围
变电—通信	变电专业与通信专业共同确定远动通信信道接口	共同核对设计图纸及定测，互相提供调试条件，调试后互相提供调试结果
变电—房建	变电专业的墙上或地面孔洞沟槽、预埋件的预留及二次预埋	共同核对设计图纸，房建施工时变电专业负责配合，变电专业二次预埋应保持房屋建筑的完整和美观
通信—信号	通信工程给信号行车指挥系统提供传输通道	在信号行车指挥系统调试之前提供可靠的传输通道，并配合调试
电力—通信、信号	电力工程给通信、信号工程提供可靠的电源	在通信、信号设备调试之前提供可靠的电源，保证设备正常运行
通信—远动	通信工程给电力、电气化提供远动通道	电力、电气化远动系统调试之前提供可靠的传输通道，并配合调试

第三节　重点工程施工组织方案

重点工程如邻近既有线架梁、隧道施工、路堑开挖、大型站场改造等在以后章节进行专门介绍，本节重点介绍换边地段铺架施工组织和既有隧道病害整治施工组织。

一、换边地段铺架施工组织

既有线扩能改造工程经常频繁出现换边作业，研究铺架施工组织方案时要综合考虑。在开通新线前方有桥梁时，研究确定T梁施工方案，当T梁场在开通新线前方处可直接预制架设，当T梁场在开通新线后方处需要通过既有线预制好的T梁运到开通新线前方存梁场后再反方向架设，或者采取就地现浇的施工方案；钢轨铺设同样根据铺轨基地的位置进行组织。以下介绍南昆铁路南百段增建二线工程结合频繁换边情况制定的铺架方案。

1. 基本情况

南昆铁路南宁至百色段增建二线起于江西村站ZD1K0＋000，止于百色站K208＋700，正线长度208.502 km，增建二线长度210.478 km，共换边12次。批复工期30个月。换边情况见表2-3。

表2-3　换边情况表

序号	里　程	方　式	改建(拨移)既有线长度(m)	与既有轨面	备　注
1	K5＋700	左换右	1 000	与既有线等高同坡	区间换边
2	K65＋197.85	右换左	485	与既有线等高同坡	隆安进站前换边
3	K69＋333.6	左换右	771	与既有线等高同坡	区间换边
4	K72＋633.89	右换左	266	与既有线等高同坡	区间换边
5	K89＋000	左换右	300	与既有线等高同坡	平果站出站后换边
6	K91＋450	右换左	300	与既有线等高同坡	区间换边
7	K104＋651.85	左换右	500	与既有线等高同坡	山心站进站前换边
8	K116＋200	右换左	500	与既有线等高同坡	思林站进站端换边
9	K129＋540	左换右	200	与既有线等高同坡	双绕段与既有线交叉
10	K139＋400	右换左	200	与既有线等高同坡	双绕段左线与既有线拨接
11	K149＋200	左换右	400	与既有线等高同坡	田阳站出站后换边
12	K176＋000	右换左	649	与既有线等高同坡	区间换边

2. 施工组织方案

采用“连铺带架”施工方式，即采用机械架梁前，先完成各架梁段落的铺轨并达到工程列车运输条件，为架梁提供通道。部分区段考虑利用既有线作为运梁通道，分区段铺架，分区段开通，尽可能减少对运输的干扰。

鉴于全线12次换边，为保证新增二线铺架施工时，不中断既有线通车，在既要保证既有线安全、又要力求对既有线运营的影响程度减小到最低的情况下，采用分段铺架，提前开通车站前后人工预铺段作为运营过渡线，自两端车站利用永久或临时道岔出岔，往中间换边点逐段相向铺架，然后新线上砟整道及完成四电工程，再利用封锁点将新线连上既有线作为运营线，最后分批分区段拨接开通，利用原既有线作为工程线进行换边点后的铺架方案。

施工方案关键点是：在进行机械架梁的同时，靠近车站前后咽喉区换边地段，铺轨工作量小且无桥梁架设，但对全线铺架进展影响较大，需要提前拨接开通作为运营过渡的段落应提前铺设，然后利用施工天窗时间，将新铺架段落末端在换边位置与既有线进行左、右拨接，开通提前预铺段作为运营过渡线。另外，在进行下一线路段铺架的过程中，需要同时对前一段或前几段加快上砟整道、电气化及其他站后工程，进行平行施工，尽快达到验收开通标准。另外，需要特别注意的是，轨料通过营业线要点卸料时，同一铺轨地段的轨料应一次组织卸完。如图 2-2 所示。

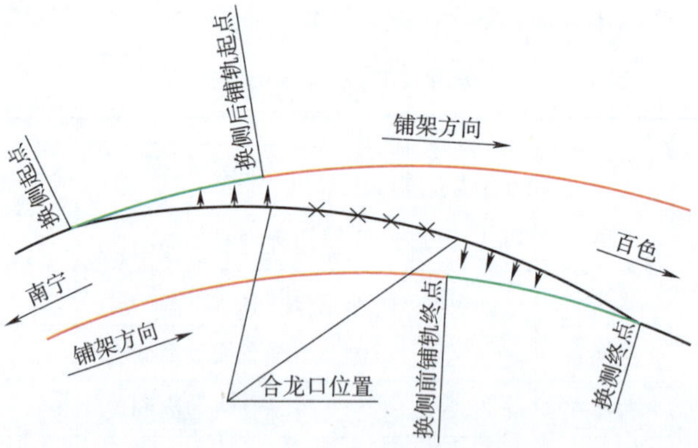

图 2-2　南百铁路增建二线与既有线换侧拨接施工平面示意图

将全线铺架分为 21 个铺架段落（含病害整治段），采用两套铺架设备（即 1、2 号铺架设备），根据铺架需要，分别向两个不同的方向逐段进行架梁，具体施工组织如图 2-3 所示（见书后插页）。施工组织方案编制可参照表 2-4。

表 2-4　南百二线施工组织方案表

顺序号	段落及铺架范围	拨接点里程	架梁孔数（孔）	铺轨长度（km）	施工组织方案
1	那何—田东—田阳 K144＋380～ZDK150＋500	K144＋380、K149＋500	110	7.027	在换边段人工铺轨的同时，开始本段机械架梁。铺架工程开始前，田东站内的站线、道岔改造工程基本完成。工程列车自梁场利用田东进站端新增或改建的永久站线及道岔，出岔至本工程新增二线进行架梁。工程列车自田东梁场出岔后，首先利用本工程改建的永久工程线路进入 5-9 号道岔，后经 5-9、9、17 号单开道岔 19-25、27-33 号复式交分

续上表

顺序号	段落及铺架范围	拨接点里程	架梁孔数（孔）	铺轨长度（km）	施工组织方案
1	那何—田东—田阳 K144+380～ZDK150+500	K144+380、K149+500	110	7.027	道岔，35号单开道岔后自K145+000，采用向西方向的1号架桥机开始往百色方向架梁，铺架至换边点ZDK150+450附近，完成新增左线K144+380～ZDK150+500段的架梁，1号架梁设备退回田东制梁场解体
	……				……
4	那桐—隆安—平果 K65+400～K69+700	K65+400、K69+700		4.303	位于车站前后换边地段，人工提前铺设。站后工程逐步跟进，达到运营过渡便线拨接开通的条件
	……				……
14	田东—田阳（既有线整治段）K149+200～K172+659		58	12.387	1号架桥机在田东站组装调试后，从田东站新建左线进入第二十段起点（原既有线病害整治起点）进行第二十段的桥梁架设，直至完成该段桥梁架设
	……				……
21	田东—那何（既有线整治段）K139+140～K144+380		11	3.687	既有线病害整治段经过整治达到架梁条件，2号架梁设备从田东站左线进入病害整治段进行桥梁架设，直至完成该段桥梁架设后返回田东制梁场

注：按照段落不同方向的铺架先后顺序编号。

二、既有线隧道病害整治工程施工组织

以滨州电化改造项目的隧道病害整治工程施工组织为例进行说明。

1. 基本情况

(1)既有线隧道分布概况

既有线隧道4座，总长7 226 m，其中单线隧道2座，全长6 178 m；双线隧道2座，全长1 048 m。既有线隧道工程见表2-5。

表2-5 既有线隧道表

序号	隧道名称	隧道里程		隧道长度（m）	建成年份	备注
		进口里程	出口里程			
1	卧牛山隧道	K422+308	K422+486	178	1989	双线隧道
2	沙力隧道	K550+289	K551+159	870	2007	双线隧道

续上表

序号	隧道名称	隧道里程		隧道长度(m)	建成年份	备　注
		进口里程	出口里程			
3	兴安岭隧道(上行右线)	K559+295	K562+373	3 078	1903	单线隧道
4	兴安岭隧道(下行左线)	K559+259	K562+359	3 100	1991	单线隧道
既有线隧道合计				7 226		

(2)主要整治内容

包括水害(冬季挂冰,夏季渗漏水)、衬砌开裂掉块、衬砌腐蚀、背后脱空不密实等。其中,衬砌裂缝处理工作量较大,存在不同程度的纵裂、斜裂、环裂、网裂、月牙形裂等病害,最大缝宽≥5 mm的地段较多。纵裂主要分布在拱顶及拱腰,多为张拉裂缝;环裂多为施工缝,非衬砌结构受力所致,但易引起渗漏水;月牙形裂缝主要分布在隧道拱顶,主要原因是接缝处施工质量差,或者衬砌背后存在空洞、不密实,由于衬砌混凝土自身重力以及衬砌背后未回填、注浆,导致围岩松散体掉落,对衬砌形成冲击而成;十字形裂缝主要分布在拱顶及拱腰位置,个别边墙位置也有分布,主要由衬砌背后受到局部松散压力引起;斜裂缝主要分布在拱腰位置,主要由围岩软弱过度,衬砌厚度不均以及洞口仰坡推力造成。上述裂纹在地下水及冻融作用下,呈逐年增长趋势。各隧道整治工程量详见表2-6。

表2-6　各隧道病害整治措施及工程量表

隧道名称	喷混凝土(单位:m)			新建竖排水(个)	既有避车洞扩挖(个)	施工缝处理(处)	拱部径向注浆(m)	拱部回填注浆(m)	面状渗水处理(m^2)	裂缝处理(m)
	左墙	右墙	拱部							
卧牛山隧道						3	6		60	
沙力隧道					3	1	15	7		141
兴安岭下行隧道	547.7	476	529.7	39	9	5	216	126.5	701	169.1
兴安岭上行隧道	55	57	123.5	13			81.1	167	4	1 014

(3)整治方案

隧道衬砌裂损、衬砌厚度不足及衬砌背后空洞等影响结构稳定的病害,采用锚杆注浆+钢带加固、钢筋网锚喷混凝土加固、凿槽嵌钢拱架钢筋网锚喷加固、回填注浆等处理措施;对衬砌裂缝宽度≥5 mm的月牙形裂缝、十字、圆形裂缝及纵、斜、环向裂缝,采用锚杆+聚合物改性水泥基修补砂浆+注浆+贴碳纤维加固的处理措施;衬砌腐蚀采用钢筋网喷纤维混凝土加固;对避车洞存在严重衬砌脱落、裂纹等病害,采取在避车洞内增设套拱,套拱与原衬砌间设置双层ECB防水板的处理措施。

隧道渗漏水病害整治采取"拱部以堵为主、边墙以排为主、堵排结合、综合治理”的施工方案，并结合衬砌加固和径向注浆等措施进行综合治理。拱顶渗漏以封堵为主，对严重漏水点进行封堵，然后进行网喷混凝土处理；施工缝渗漏水，用风镐凿槽（宽 16 cm，深 8 cm），凿出施工缝中既有木板 8 cm 深，在缝内填塞遇水膨胀止水条及嵌缝膏，最后在槽内填充改性水泥基修补砂浆；边墙严重漏水处在边墙处施作竖向碎石盲沟＋避车洞＋排水竖井引至中心泄水洞或中心水沟。对拱顶及边墙一般线形漏水地段采用径向注浆堵水，线形渗漏的处理结合裂缝处理方式进行堵水；点形渗漏，以渗漏点为圆心凿洞，直径为 10～30 mm，深为 20～40 mm，用聚合物改性水泥基修补砂浆和贴碳纤维加固；面形漏水，采取表面涂抹浓缩剂防水型材料的办法处理。

2. 施工组织安排

(1)工期计算

竖排水施工是控制工期的关键节点，其他病害治理在竖井施工过程中穿插平行作业。按每天申请天窗点 3 h 安排施工，车组由车站进入施工现场、安装风水管路、发电接线及施工准备需 30 min，施工结束清理现场及轨道车组由施工现场返回车站需 30 min，每日病害整治工作实际有效施工时间为 2 h。

兴安岭下行隧道工程量最大，共 36 个新建竖排水、1 个新建通信设备洞室、9 个避车洞扩挖，每循环施工 4 个工作面，共 12 个循环，每循环约需 44 d，总计需要 528 d。按每年有效工期 6 个月计算，需 3 年完成隧道病害整治，不满足总工期要求，因此兴安岭上、下行隧道采用分别封锁、前后分开整治施工方案，在兴安岭隧道进口既有线路所安设单开道岔 2 组，减少单线行车长度。沙力隧道及卧牛山隧道利用天窗时间进行病害整治。施工计划安排见表 2-7。

表 2-7　既有隧道病害整治施工计划表

序号	隧道名称	全长(延米)	开工时间	完工时间	持续时间(月)	备　注
1	卧牛山隧道	178	2015.4.15	2015.4.30	0.5	
2	沙力隧道	870	2015.5.15	2015.6.30	1.5	
3	兴安岭隧道(下行左线)	3 100	2015.7.15	2015.10.31	3.5	
4	兴安岭隧道(上行右线)	3 078	2016.4.15	2015.5.31	1.5	

(2)施工组织方案

根据各隧道病害程度和工程量大小，设置一个作业队流水施工。采用 2 台轨道车牵引 10 辆铁路平板车组成作业平台，在平板车上设置垂向可升降，横向可平展的支架，充分满足单、双线隧道的作业空间。平板车上支架间的空隙安装发电机、空压机、注浆机、轴流风机、切割机、电焊机、混凝土搅拌机和喷射机等机具，使每一节平板车形成一个独立的作业面，可保证 80～150 人同时展开作业。如图 2-4 所示。

图 2-4　隧道病害整治作业图

隧道内所有作业施工前，提前安排驻站防护员和工地防护员，严格按标准要求进行施工防护。轨道车进入作业地点，设置好两端防护后，对隧道进行病害整治。

第四节　既有线施工组织设计图

既有线施工组织设计图能够直接明了的反映既有线施工组织情况，包括施工组织总体计划横道图、施工组织形象进度图、慢行方案平面示意图等。

一、施工组织总体计划横道图

根据前述施工组织设计编制原则和总工期安排，细化施工准备、征地拆迁和路基工程、桥梁工程、隧道工程、铺架工程、站改工程、站后工程等专业工期安排，利用 EXCEL 软件编制计划横道图。在施工推进中，应结合工程进展情况，适时优化阶段工期，调整计划横道图。如图 2-5 所示。

二、施工组织形象进度图

本图主要围绕铺架主线，梳理安排所有结构物的施工计划，重点包括顶进慢行、站改慢行和铺架施工。根据图表反映，可统筹安排全段慢行单元和铺架施工。绘制时，以图纸横向为时间轴，竖向为里程轴，慢行、站改、铺架等作业按不同颜色区分。本图与慢行方案平面示意图配套使用，慢行单元及慢行顺序应与慢行方案相互一致。本小节以宁西二线郑州局管段为例进行说明。

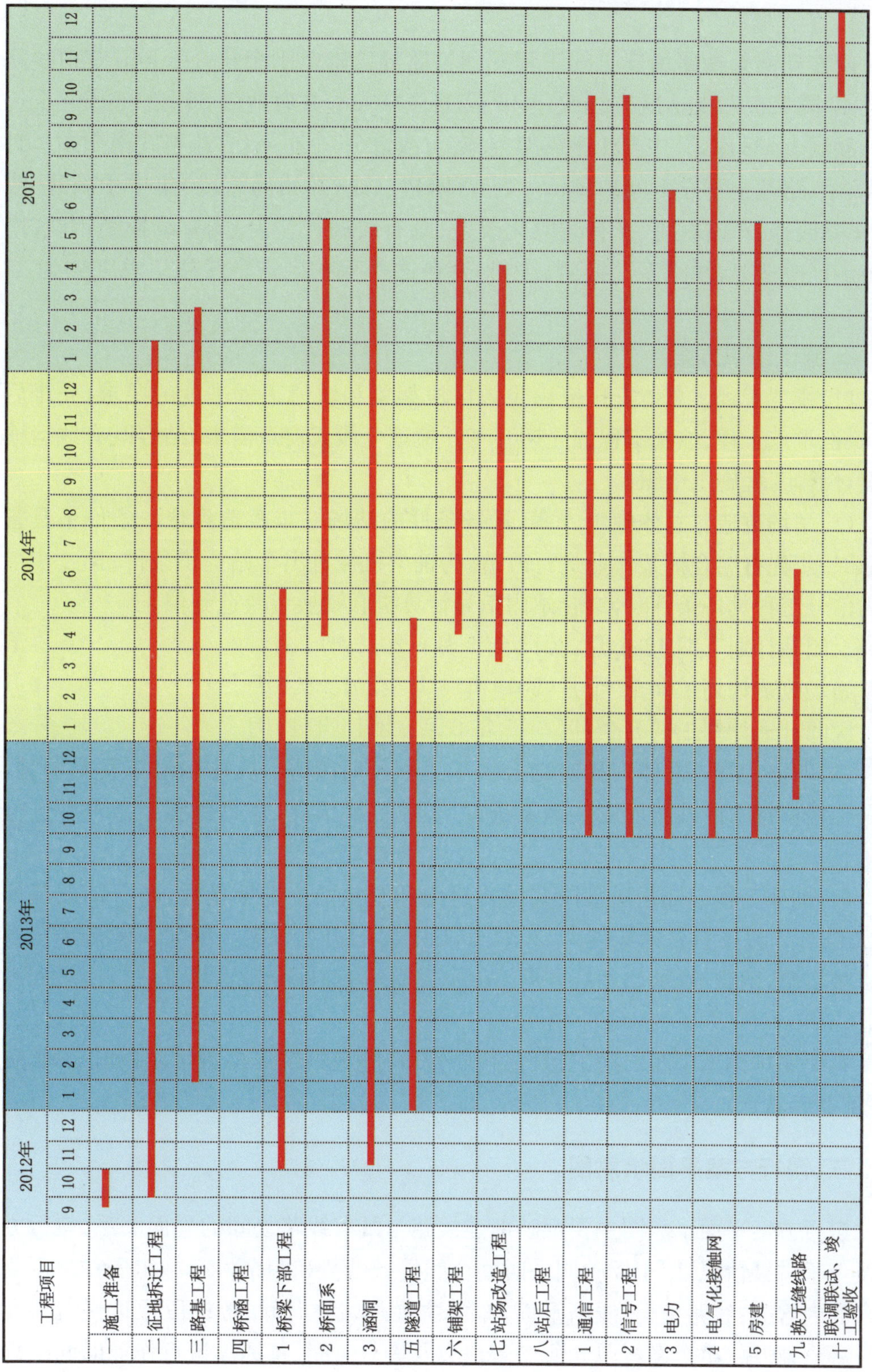

图 2-5 施工组织总体计划横道图

1. 工程概况

西安到南京铁路增建二线工程郑州铁路局管辖范围全长 315 km,其中线路绕行 47 段 125.72 km,既有线改建 15 段 11.111 km,并肩地段 56 段 135.663 km。设计涵洞 1 428 座,其中 194 座需架空施工;改造 16 个车站(含焦柳线南阳站),封闭 17 个;路基土石方 1 981 万 m^3。宁西增建二线(郑州局管段)集中了新建、改建、车站改造、车站封闭、既有线电化改造、既有线病害整治、既有线换铺钢轨、南阳疏解区改造等,线路多次换侧、绕行,穿越多个保护区。全线施工总工期为 42 个月。

2. 施工组织方案

(1)线下工程。总体安排应满足该区段架梁和轨道工程进度的要求,先难后易,保证重点工程、控制工程的先期开工。梳理全段天窗点需求,结合既有线运输情况,倒排工程施工组织。

(2)站场改造。总体施工方案:具备条件的站场一步改造到位。条件不具备的,第一步先行结合铺架作业进行改造,为铺架机械进出车站提供条件;第二步待站内信号工程具备条件时,结合站内信号计算机联锁换装改造到位。

封闭站计划工期 13 个月:2014 年 3 月～2015 年 4 月。

站场改造计划工期 12 个月:2014 年 6 月～2015 年 6 月。

区间开通计划工期 5 个月:2015 年 6 月～2015 年 10 月。

(3)四电工程。总体安排应结合线下工程及时跟进。其中信号工程是关键,信号工程根据站前站场形成及铺架进度、长轨更换情况,在具备施工条件后进行施工。

(4)铺架工程。郑州局管段共设置遮山和仝堂两个铺架基地,两个铺架基地在 2014 年 3 月要具备铺架能力,2014 年 4 月 20 日开始铺架。铺架 T 梁施工全部由机械实施,困难地段(如两线并肩、站场、岔区等)铺标准轨轨排可适当使用人工作业。

有关安排详见宁西二线工程(郑州局管段)施工组织形象进度图,如图 2-6 所示(见书后插页)。

三、慢行方案平面示意图

慢行方案平面示意图主要反映新建线路与既有线路之间的平面关系,慢行方案及工程进展情况,用于反映同一时间全线慢行处数和剩余慢行施工安排。主要包含的内容为:线路里程、线路平面、车站位置及站改时间、各标段顶进慢行单元划分、慢行顺序、单个慢行单元所含工点数及慢行时间、各标段慢行作业时间及总工期、全线所有慢行工点等。在绘制中,以不同颜色标记不同的标段;慢行单元里程与线路里程相对应，便于直观了解慢行段所处位置。在日常管理中，对所有慢行工点建表管理，并根据现场实施情况同步调整；对已完成的慢行单元，以其他颜色填充，并根据现场进度及时绘制于图中；根据慢行进展情况及时调整后续工作重点。本小节以成昆扩能成都至峨眉段扩能改造项目为例进行说明，如图 2-7 所示(见书后插页)。

1. 工程概况

成昆铁路成都至峨眉段位于四川省成都市与峨眉山市之间，线路由成都南站引出，向南经成都市高新区、双流县、新津县、眉山市彭山县、东坡区、乐山市夹江县、峨眉山市，至成昆铁路的峨眉站，线路左线长 131.30 km，右线长 131.518 km。其中思濛至夹江和岷江大桥为双绕地段，增建双线，其他区段为增建二线，邻近既有线施工达 92 km，既有线施工安全是本建设项目的重中之重。

全线新建、改建、接长涵洞 422 座，路基范围平均 4.05 个/km；框架桥 41 座；跨线建筑物 53 座；地道 5 座；改建车站 13 座，拆除车站 3 座，线路换边 6 处；既有线接触网拆除改建 11.4 km(12 段)；改建站房 4 座。其中全线需要慢行施工的框架桥(涵)、车站过道等工点共 146 处。

2. 慢行方案

(1)慢行方案。全线需要慢行施工的框架桥(涵)、车站过道等工点共 146 处。由于成都至峨眉为一个调度区段，原方案按设置两处慢行计算，需要按每处 5 km 进行慢行施工，成都方向需要连续施工 26 个月，峨眉方向需要 23 个月。综合既有成昆线运能异常紧张、专特运多的特点，以及考虑节假日影响，需采取整合措施，协调建设与运输之间的矛盾，为施工创造条件，建设单位经过多次与铁路局沟通协调确定以下原则。①每标段设置一段 3 km 45 km/h 的慢行区段，每个慢行区段可同时进行多座涵洞的顶进施工；②全线按三处慢行，每处慢行长度不超过 3 km 进行组织。为此，全线 146 个桥涵划分为 29 个慢行区段；③根据各标段征拆及施工组织进展情况，及时优化调整慢行区段设置方案。

(2)施工方案。结合总体施工组织安排，经过研究将原定采取现浇施工的桥涵优化调整为顶进施工(旅客过道除外)；涵洞背后可考虑采取低标号混凝土回填，避免过渡段的沉降。

3. 体会

通过慢行区段的设置与方案优化，采取慢行方案的管理，成昆铁路扩能成峨段进展顺利，全线 29 个慢行区段已完成 23 个，剩余 6 个。慢行区段设置应充分考虑征拆的影响，及时解决征地拆迁和迁改问题，避免因个别拆迁影响整个慢行区段的设置；建设单位应提前与当地政府确认出行通道设置位置，避免后期增加；车站附近的涵洞等结构物结合站改同步进行。

第三章　既有线扩能项目设计管理

设计是建设项目的源头。按照建设项目周期理论，项目可研和设计阶段是决定项目建设乃至运营整个过程成败的关键。在设计阶段一旦出现偏差或者错误，将对后期建设造成重大影响，甚至无法弥补。

总结以往既有线扩能或增建二线项目施工组织中出现的典型技术问题，主要包括以下几个方面：

(1)对既有线运输组织、运量等调研不足，施工设计和组织方案粗略，突出表现在站场改造等方面，实施阶段方案变化，施工周期长、成本费用高。

(2)对营业线调查不够，对可能存在的风险因素及造成的安全影响研判不足，造成既有线安全防护措施不足，施工方案不能实施。

(3)设计阶段勘察深度不足，未充分调查清楚工程地质情况，建设期间产生变化，如隧道围岩级别施工揭示与设计差别较大。

(4)普遍没有针对既有线施工特点研究技术方案，未提出施工应掌握的要素与注意事项。

造成以上问题的主要原因有：

(1)建设项目前期管理力度不足，建设单位没有组织设计与运营单位进行详细的对接，或者运营单位没有高度重视提出合理的意见和建议。

(2)设计理念存在较大的偏差，设计过程中没有重视既有线运输秩序和运营安全对工程建设的影响。

本章结合渝怀铁路增建二线工程的设计情况，重点介绍典型工程的设计思路，说明设计技术要点，即增建第二线设计在方案选择上，除考虑地质、环评、规划等常规因素外，应重点考虑如何最大限度降低对既有线的运营影响，有利于施工组织安排。

第一节　工 程 概 况

一、既有渝怀铁路概况

既有渝怀铁路位于重庆市、贵州省及湖南省境内，线路全长 624.5 km，为Ⅰ

级单线电气化铁路，修建时预留复线条件。在运营单位日常维护中，主要进行了大规模岩溶处理，对衬砌腐蚀裂损、剥落掉块、渗漏水、道床病害、危岩落石等病害进行了大、中修整治。

在增建二线设计期间，设计单位对各种病害进行了统计，本线既有隧道病害主要有衬砌腐蚀开裂、风化剥落掉块、渗漏水、洞口危岩落石四种类型，其中洞口危岩落石为 A1 级病害，一般以接长明洞、棚洞等方式解决。

二、增建第二线工程概况

渝怀铁路涪陵至怀化段增建二线，建筑长度 505 km，桥梁 258 座 66 km、隧道 164 座 271.8 km，桥隧总长 337.8 km，占比 66.86%。其中增建第二线与既有渝怀铁路并行地段长 119.717 km，绕行地段长 385.345 km。增建第二线线路在既有线左右侧行进，前后共有 12 次换边。沿线地形起伏大，穿越了乌江峡谷区、武陵山谷地区、溶蚀丘陵、溶蚀槽谷区、低山河谷区、丘陵谷地区。尤其在涪陵至酉阳之间，地形极为困难。沿线地层从第四系至元古界均有出露，主要以碎屑岩和可溶岩为主，局部地段可见浅变质岩分布。不良地质有滑坡，岩堆及崩、坡积层，泥石流，崩塌，落石，岩溶，水库坍岸等。沿线经过大的河流有乌江、郁江、阿蓬江、麻旺河、龙潭河等。

三、增建二线工程特点

线路地处渝东南山区，沿线地形、地质复杂；既有各站位条件有限，车站前后部分需要与既有线并行，邻近既有线施工风险高；既有渝怀铁路、沿线站点布置、地形地质条件、城市和工矿企业规划控制因素对设计方案确定影响较大。

第二节　线 路 设 计

一、主要设计思路

1. 选线

(1)充分利用预留工程。

(2)绕避不良地质。对既有线施工时已探明的滑坡、岩堆等不良地质，即使原来已进行了整治，增建第二线时也尽量予以绕避。

(3)绕避既有路基支挡工程。既有线有抗滑桩、桩板墙、锚索桩等重大路基支挡地段，为避免拆除支挡结构对既有线安全产生影响，原则上进行绕避。

(4)绕避既有隧道工程。未预留二线条件的隧道进出口地段，充分考虑施工间距,确保既有隧道安全。

(5)绕避既有桥梁工程。在特大桥、大桥地段,充分考虑通航、行洪要求以及二线墩台施工对既有桥梁基础的影响,必要时对既有桥梁适当绕避。

(6)加大并行段间距。与既有线并行路基地段考虑铺架工程以及施工对运营的干扰,有条件地段线间距设计为 5 m。

2. 换边施工过渡措施

(1)设计时考虑与既有线等高,尽量避开高填方地段;利用“天窗”时间进行既有线拨道作业,确保行车和施工安全。

(2)换边地段的无缝线路,在新旧路基搭接地段的路基和道床应加强碾压和夯实;在无法达到铺设无缝线路要求、需要利用天窗时间进行线路拨接的地段,先铺设标准短轨,待路基稳定、道床密实度达到要求后,再焊接成无缝线路。

(3)换边过渡时,站场、信号、电力、运输等专业应通力合作,过渡方案必须保证行车安全,减少对行车的干扰。

(4)新线引入后既有接触网支柱因侧面限界不够进行改造时,应采取先立新支柱、后拆除废弃支柱的工序措施。

(5)根据区间线路拨接方案,由行车专业检算区间信号布点,新建线原则上新设室外信号设备,根据需要新设或利用既有室内设备实现半自动闭塞。

二、南涪下行联络线选线案例分析

1. 工程条件及现状

南涪下行联络线长约 2 km,从涪陵车站出站端引出连接南涪铁路。施工中需满足以下条件:

(1)不能中断既有线运营;

(2)涪陵站功能不受影响并且尽量减少改造工程;

(3)对下穿涪丰石高速公路 1-80 m 跨桥梁基础不造成影响;

(4)上跨渝怀线及渝怀二线时需满足接触网施工过渡的净空要求。

因此如何在约 2 km 线路方案中解决以上问题,成为疏解线方案可行的基本要求。

涪陵站为办理客运作业的中间站,2 台 6 线布置。增建二线从右侧并行既有正线引入涪陵站,南涪线从怀化端右侧接入车站并预留下行疏解条件。涪陵站涪陵地区现状及车站示意图如图 3-1、图 3-2 所示。

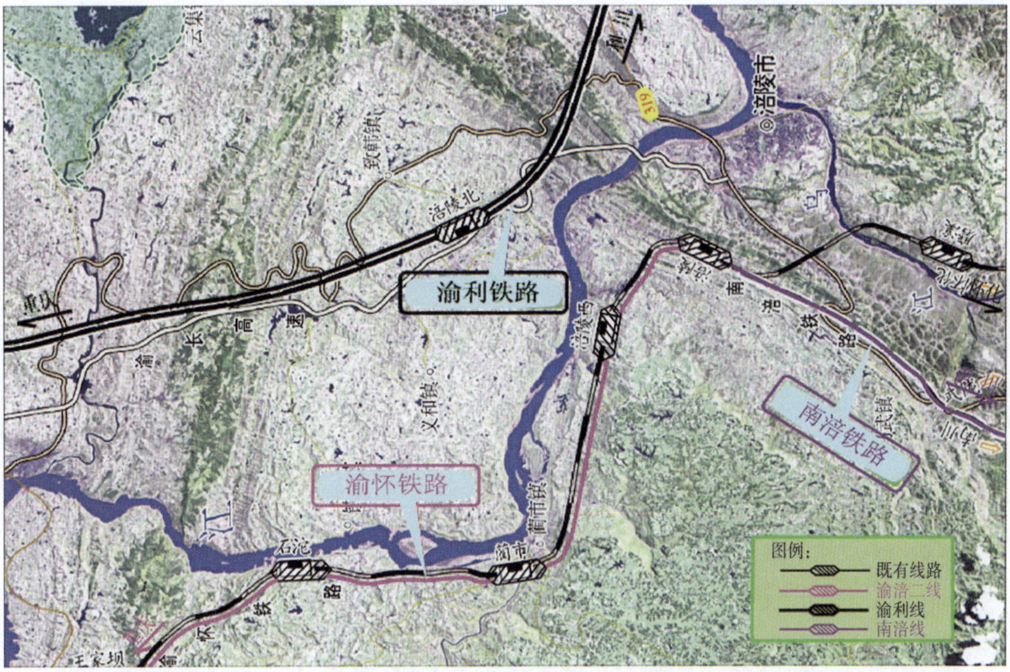

图 3-1　涪陵地区现状示意图

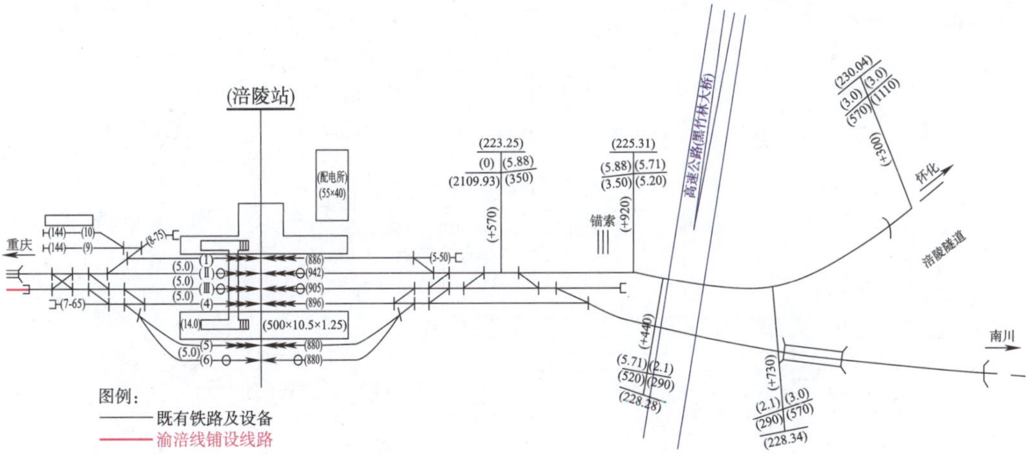

图 3-2　涪陵站现状示意图

2. 方案比选分析

按照线路选线原则并结合现状，研究了三个方案。

(1)方案Ⅰ：在涪陵站怀化端(10)与(18)号道岔间出岔，以隧道形式下穿涪丰石高速公路黑竹林大桥，上跨渝怀既有线及二线后接南涪线，线路全长 2.073 km。如图 3-3 所示。

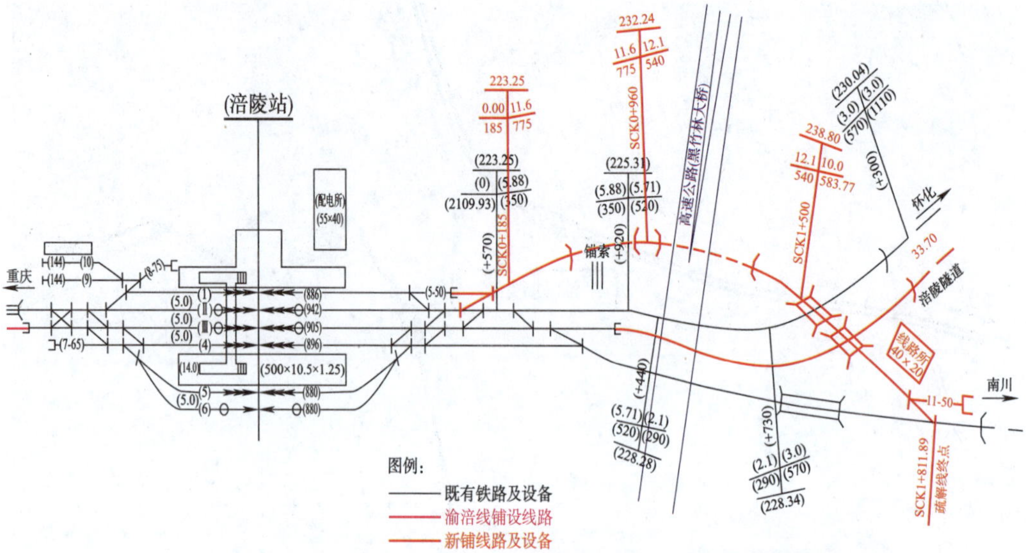

图 3-3　涪陵站不改怀化端咽喉 K131＋435.093 出岔方案布置示意图

(2)方案Ⅱ:在既有涪陵站(8)号道岔怀化端侧向道岔(18 号),以隧道形式下穿涪丰石高速公路黑竹林大桥,上跨渝怀既有线及二线后接南涪线,线路全长 1.811 km。如图 3-4 所示。

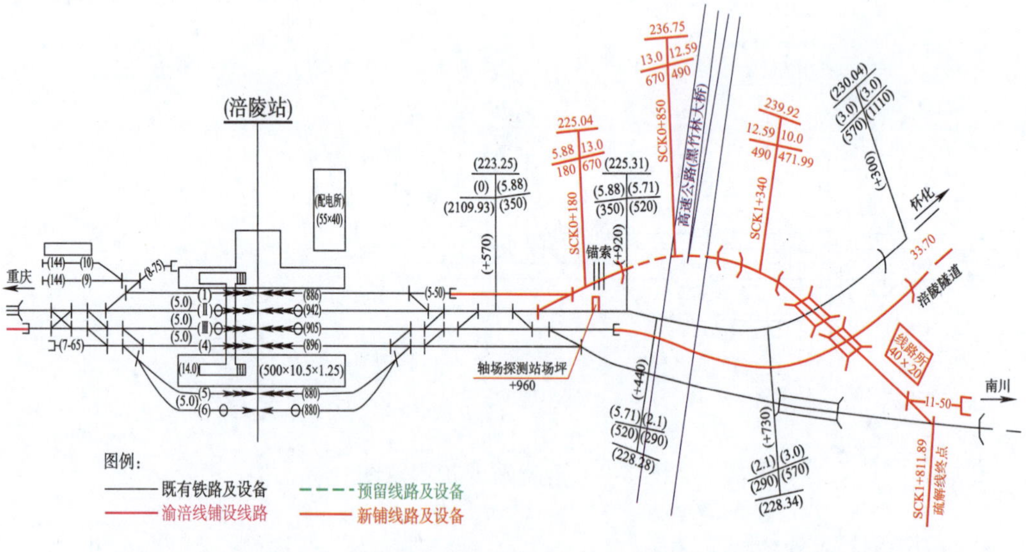

图 3-4　涪陵站不改怀化端咽喉 K131＋700 出岔方案布置示意图

(3)方案Ⅲ:改建既有(6)～(8)、(10)～(12)号 18 号道岔渡线为交叉渡线,在怀化端出岔,以隧道形式下穿涪丰石高速公路黑竹林大桥,上跨渝怀既有线及二线后接南涪线,线路全长 1.875 km。如图 3-5 所示。

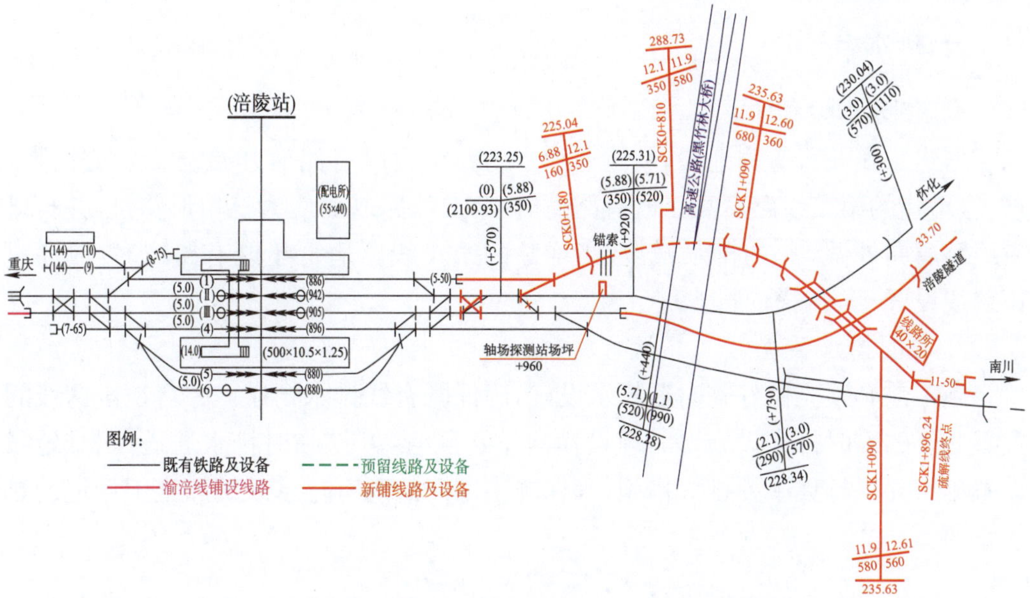

图 3-5　涪陵站小改怀化端咽喉方案布置示意图

对以上三个方案进行比选分析：

(1)从对既有线工程的安全影响方面分析。方案Ⅰ中疏解线距离既有线高边坡锚索段较远，对既有线路基工程无影响；方案Ⅱ中疏解线距既有线最小距离为17.0 m，施工时需拆除既有桩板墙，新线的土石方开挖、高大支挡工程及既有工程拆除等可能影响既有线的运营安全；方案Ⅲ疏解线以隧道形式通过既有线设锚索段，拱顶到最近锚索端部距离1.1 m，有一定的风险。方案Ⅰ施工风险最小，方案Ⅲ次之，方案Ⅱ风险极高。

(2)从车站改造及运营干扰方面分析。方案Ⅰ及方案Ⅱ既有涪陵站无改建工程；方案Ⅲ需拆除既有两组渡线后改为交叉渡线。

(3)从运营角度分析。方案Ⅰ疏解线仅接通部分到发线，方案Ⅱ及方案Ⅲ均可接通所有股道及进路，车站使用灵活。

综合比较，方案Ⅰ工程风险最小，但影响车站能力与运营；方案Ⅱ施工风险及既有线运营安全极高；方案Ⅲ优化了车站能力与运营，施工风险可控。故最终选择方案Ⅲ。

第三节　路 基 设 计

路基帮填及邻近既有线高边坡开挖对既有线运营安全有直接影响，施工组织困难。高边坡或深路堑开挖、路基帮填地段既有线路基防护以及排水系统是设计重点。

一、排水设计

1. 路基面形状

增建二线并行等高地段，新建非渗水土路基自既有路肩开始设 4%向外排水坡；当增建的第二线路肩高于既有路肩时，第二线路基面应为三角形路拱，并自既有线路肩向外做 4%的排水横坡；当增建的第二线路肩低于既有路肩时，应通过第二线设置 4%的横向排水坡。

2. 临时排水系统

施工前必须先做好临时截排水设施，确保既有线排水畅通。并行地段两线间设置必要的临时排水设施，如：埋设横向排水涵管，开挖临时排水通道，困难地段设置集水井进行集中抽排等措施，确保施工期间的既有排水系统和施工场地的排水畅通。

二、高边坡或深路堑设计

1. 开挖方案

既有边坡和新线不位于同一路堑，边坡间能形成屏障的，采取控制爆破施工技术。为防止爆破飞石，爆破前对爆体进行全表面覆盖。

既有边坡和新线边坡在同一路堑，当新线堑顶距既有边坡堑顶距离 $L \leqslant 20$ m 时，石方开挖采用非爆开挖；当新线堑顶距既有边坡堑顶距离 20 m$<L\leqslant$50 m 时，采用分台阶预留隔墙开挖，即靠既有线一侧预留宽度不小于 2 m 的纵向隔墙，隔墙以外石方采用控制爆破，当形成的隔墙高度达到 2 m 时，隔墙采用非爆开挖，然后按以上工序进入下一台阶的开挖，如此循环直至开挖完成。当既有边坡较高，控爆或隔墙开挖施工可能形成沿既有坡面滚石的，开挖前应对既有边坡采用主动柔性网覆盖，并在既有线路、设备外侧设置防护排架。

情况界于上述之间的，上部采取隔墙施工法，下部采用控制爆破。

既有线边坡扩挖宽度较小，应首先考虑通过支挡结构收坡，减少既有边坡开挖。支挡结构桩、墙之前需开挖部分，应采用静态爆破或者非爆施工。

非爆施工结合岩性及现行机械化施工条件，对Ⅳ级软石采用破碎锤开挖，对Ⅴ级次坚石、Ⅵ级坚石采用静态爆破开挖。

具体方案详见第四章。

2. 开挖顺序

邻近既有线施工时，应严格按照设计的施工顺序进行施工，遵循“先防护，后开挖，开挖一级，防护一级”的原则，以确保既有线的营运安全及增建二线的施工安全。

紧邻既有线的路堑扩挖地段，石方开挖要严格按照施工顺序自上而下、分层分段进行施工，并采用必要的控制爆破或非爆开挖措施；土石方开挖及既有工程拆除根据边坡高度设置一道或多道双排钢管排架，防护排架搭设也必须从高处设置，随着路堑开挖面下降，将排架逐步降低至既有水沟外侧。

3. 防护设计方案

对于土质、风化严重的岩石深路堑地段，既有路堑扩挖后修建挡土墙。为保证支挡前高、陡边坡的稳定，设计中采用预加固桩及分层开挖、分层设置临时锚杆等加固措施，按永、临结合进行设计。对于邻近既有线的路肩支挡结构基坑开挖形成的临时边坡，采取喷锚网进行临时加固处理。

三、路基帮填

1. 路基帮宽设计方案

当既有线帮宽宽度小于 0.5 m 时，采用路肩补脚墙进行帮宽。当既有线帮宽宽度为 0.5～3.0 m 时，对帮填土进行分层加筋(土工格栅)加固。

当既有边坡较高、自然地势较陡或存在既有物干扰时，增建二线采用支挡措施进行加固。基岩埋深较浅时可设置挡土墙，基岩埋深较深时可设置桩基托梁，增建二线低于既有线挖方时可设置桩板墙。

2. 软土路基处理

紧邻既有线并行地段的基底下部软土、松软土、人工弃填土，主要采用以挖除换填、旋喷桩等小型机械设备施工的措施进行加固处理，影响既有线安全范围外可采用水泥搅拌桩处理。施工时，由靠既有线侧向外侧施工，并加强对既有线的位移、边坡稳定等的观测，确保既有线安全。

3. 既有线路基防护

挡墙基础开挖或桩基础施工等危及既有线行车安全时采取扣轨施工；当线间距小于 5 m，进行基床换填时，考虑扣轨施工或设置钢钎竹挡板等临时防护措施；当增建二线紧邻既有线时，如挡土墙、护墙、护坡、浆砌路肩等拆除工程，采取先加固后拆除的措施，对于需拆除挡土墙和抗滑桩地段，先施工新增抗滑桩，待桩验收合格后方可拆除既有挡土墙和抗滑桩；对于邻近既有线的路肩支挡结构基坑开挖形成的临时边坡，采取临时锚杆、喷锚网等进行临时加固处理，确保既有线运营安全。

四、施工组织和施工监测

靠近既有线地段施工，严格执行《铁路营业线施工安全管理办法》(铁运〔2012〕280 号)的相关规定和要求。施工前调查清楚施工影响范围内既有建(构)

筑物使用现状(有无病害),设备和既有管线分布等,并采取防护或迁改等措施;根据不同工点的具体情况制定相应的应急预案,施工过程中应加强安全防护,监测既有支挡工程及既有设备等既有线稳定情况,动态管理,信息化施工,确保施工过程中既有线运营及设备安全。

第四节 桥涵设计

一、主要设计思路

1. 桥梁

并行段新建二线桥梁,原则上应顺水流方向与既有桥梁对孔布置,以保持水流顺畅,减少冲刷;梁体类型、增建的墩台形式宜与既有桥梁协调一致。

2. 涵洞

接长涵洞孔径式样比照既有涵洞,但孔径不小于1.0 m(框架涵孔径不小于1.5 m);对已有水害的既有线涵洞,考虑在附近增设涵洞。需接长的涵洞孔径不符合现行规范的标准孔径时,对其接长部分用稍大的标准孔径接长;接长后涵洞总长不符合现行规范要求时,对其接长部分的涵洞孔径按规定加大。

3. 邻近既有线施工防护方案

小线间距新建桥梁墩台基础施工是影响既有线运营安全的主要风险,一般按照间距≤20 m控制。与既有线间距≤20 m时,基坑石方开挖采用非爆破开挖(机械破碎和人工开挖),桩基均设计为钻孔桩;20 m<与既有线间距≤50 m时,基坑石方开挖采用控制爆破;增建第二线与既有线间距>50 m时,基坑石方开挖采用普通开挖。上跨及邻近既有线的桥梁,基础均避让既有线的墩台基础及路基挡护结构,通过提高承台标高,以减小基坑开挖对既有线的影响。紧邻既有线桩基础的钻孔桩施工时,采用钢护筒跟进施工,以防坍孔影响既有桩基安全。新建桥梁墩台施工影响既有桥梁的行车安全或既有线台后路基稳定时,或对既有桥台锥体或台后路基破坏严重时,基础开挖采用钢筋混凝土防护桩及挡板支撑防护,采取扣(吊)轨或工字钢梁架空线路加固既有线路。

顶进或明挖框架桥(涵),根据孔径大小,主要采用D型便梁及防护桩、吊扣轨加固线路等防护措施,并采取相应的永久防护工程措施。接长涵洞在接口处应采用防护桩、钢轨桩等措施加固既有线。道路繁忙地段和站内增建桥涵,尽量采用框架桥(涵)接长,根据股道布置情况,地形、地质条件,基础类型、埋置深度等,采用与并行地段相同的施工措施;车站内增建涵洞及地道,尽量采用封闭施工,没有条件的根据站内股道布置情况、行车密度,采取过渡措施,分段封闭股道,明槽开挖施工。

二、设计案例

泡水河 2 号双线道岔大桥孔跨布置为 2×(7×32 m)，桥长 240.95 m，线间距 5.3 m，既有渝怀线预留 0～4 号双线墩台，目前桥上仅架设了既有渝怀线单线运营的普通边梁，未架设道岔梁。由于增建第二线站场方案布置在两桥上预留双线部分增设了单渡线，需在桥上设置道岔，新建 5～7 号单线墩台，并架设增建第二线梁部，改建为双线道岔大桥。大桥桥位照片如图 3-6 所示。

图 3-6　泡水河 2 号双线道岔大桥桥位照片

邻近既有线设计方案：5～7 号墩台与既有桥对孔布置，采用与既有桥一致的矩形墩，基础施工采用非爆开挖；7 号桥台基坑开挖，既有线侧采用钢轨桩防护，采取吊扣轨措施加固线路；承台底高程尽量抬高；靠既有线侧的桩基施工采用钢护筒跟进至 W_2 层，以防坍孔影响既有桩基安全；施工期间要求列车按规定限速行驶，并采取可靠的综合手段，做好临时过渡措施，高度重视施工安全工作。

施工过渡方案：先架Ⅰ线 10 片边梁和 4 片道岔梁，将既有线过渡至Ⅰ线运营；拆除桥面系及既有 7 片边梁；架设全桥剩下的边梁及道岔梁；最后将列车恢复至Ⅱ线运营。

第五节 隧道设计

一、设计思路

在充分利用既有工程(预留洞口和辅助坑道)的前提下,尽量与既有隧道拉开线间距以减小对既有隧道的干扰。

邻近既有铁路工程时,采取相关工程措施:两隧线间距小于 20 m 时,一般采取非爆开挖;两隧线间距在 20～30 m 时,一般采取控制爆破(若既有线隧道存在病害,两隧线间距在 20～50 m 时采用控爆)。采取控制爆破时,一般隧道地段爆破振速不超过 10 cm/s;隧道洞口及浅埋偏压、软弱破碎围岩、大跨隧道或桥梁等其他跨越结构不超过 5 cm/s;当既有隧道存在结构性裂缝、探明衬砌后部存在塌方、较大岩溶空腔或岩溶注浆加固(堵水)圈,其表面质点振动速度不超过 2.5 cm/s。

当新建隧道洞口旁邻近既有路基时,根据与邻近路基的间距、围岩情况及洞口边坡开挖高度相应采取控制爆破以及钢绳柔性网、防护排架等不同防护措施。

二、案例分析

1. 新武隆隧道

新武隆隧道长 9 442 m,位于既有隧道左侧 13～80 m,洞身大部分地段通过可溶岩地层,中部设置下穿既有线的横洞,该隧道为按Ⅰ级风险管理的高风险隧道;既有武隆隧道长 9 426 m,施工揭示 1、2、3 号暗河,其中 1 号暗河雨季最大涌水量达 26 万 m^3/d,2、3 号暗河雨季最大涌水量达 719 万 m^3/d。新武隆隧道平面布置如图 3-7 所示。

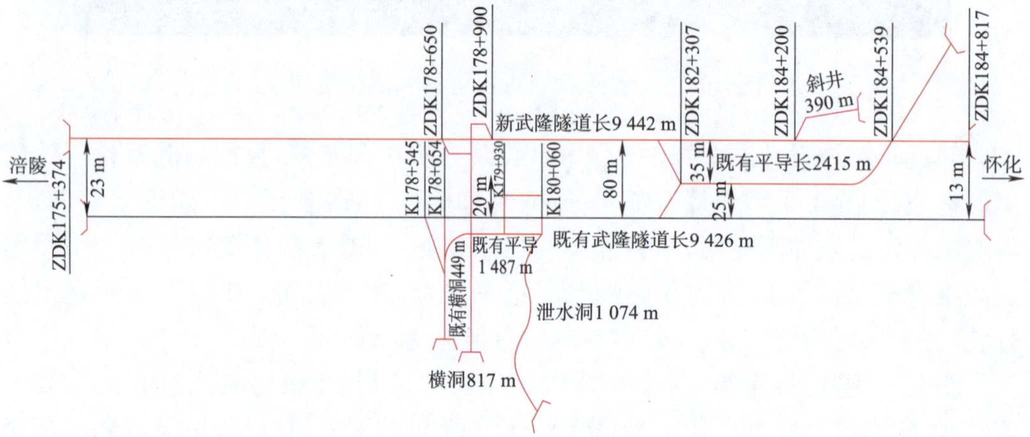

图 3-7 新武隆隧道平面布置示意图

(1)既有工程利用情况:维持既有1、2、3号暗河的排水功能,二线新增引水通道并接入既有排水系统。既有武隆隧道施工期间开挖揭示出1、2、3号暗河,发生大规模的涌水。新武隆隧道在ZDK179+000处穿越1号暗河(新二线隧道高出既有隧道约8 m),在ZDK179+900～ZDK180+060处穿越2、3号暗河(二线隧道高出既有隧道约10 m),通过调整线路坡度,抬高二线高程,减小或规避暗河对二线隧道施工的影响。考虑新武隆隧道抬高高程后仍然可能遇到暗河,对该段进行岩溶预设计,增设泄水通道接通既有岩溶通道。新武隆隧道1号及2、3号暗河岩溶排水预设计图分别如图3-8、图3-9所示。

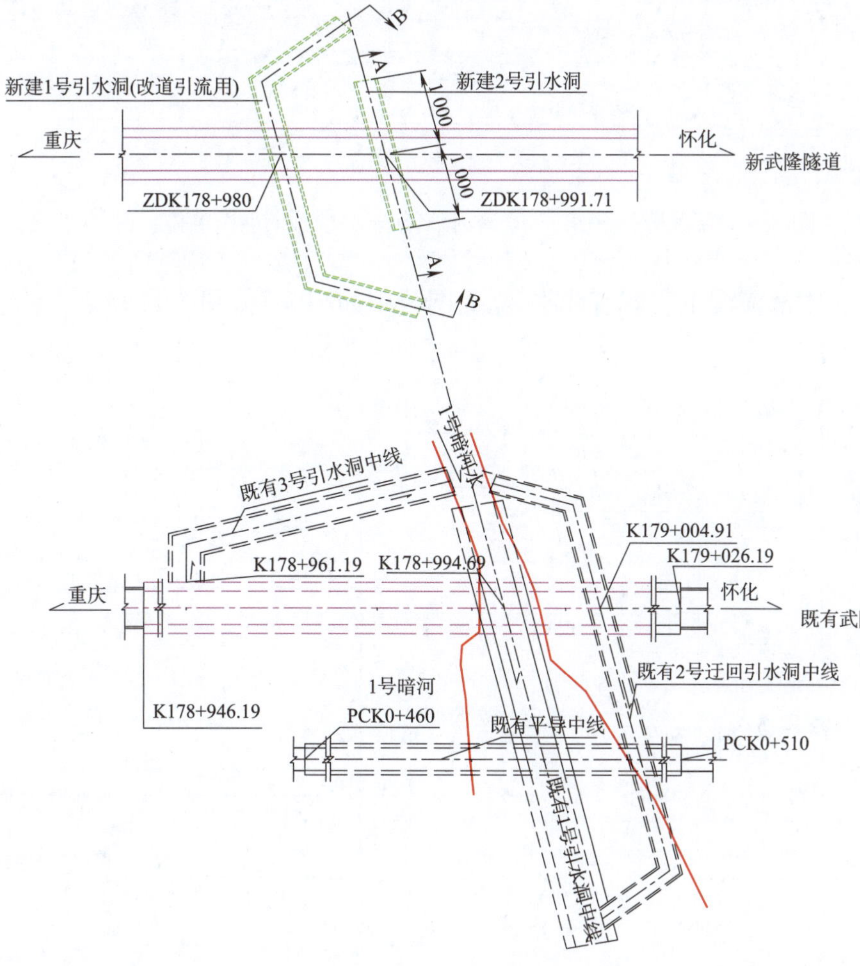

图3-8　新武隆隧道1号暗河岩溶排水预设计图(单位:cm)

(2)为保证工期,新武隆隧道需在中部设置横洞,中部横洞下穿既有平导和既有武隆隧道后往两侧施工。横洞段穿越地层为页岩,围岩级别为Ⅲ级,横洞下穿既有平导核心岩柱厚度为5.22 m,下穿既有武隆隧道核心岩柱厚度为3.05 m,施

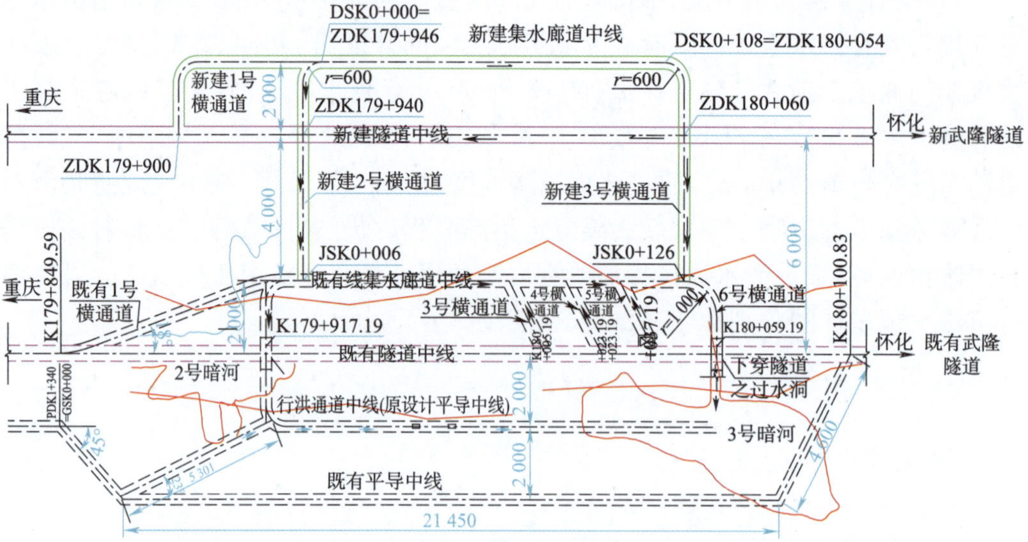

图 3-9　新武隆隧道 2、3 号暗河岩溶排水预设计图(单位:cm)

工风险大。中部横洞下穿既有线平、立面图分别如图 3-10、图 3-11 所示。

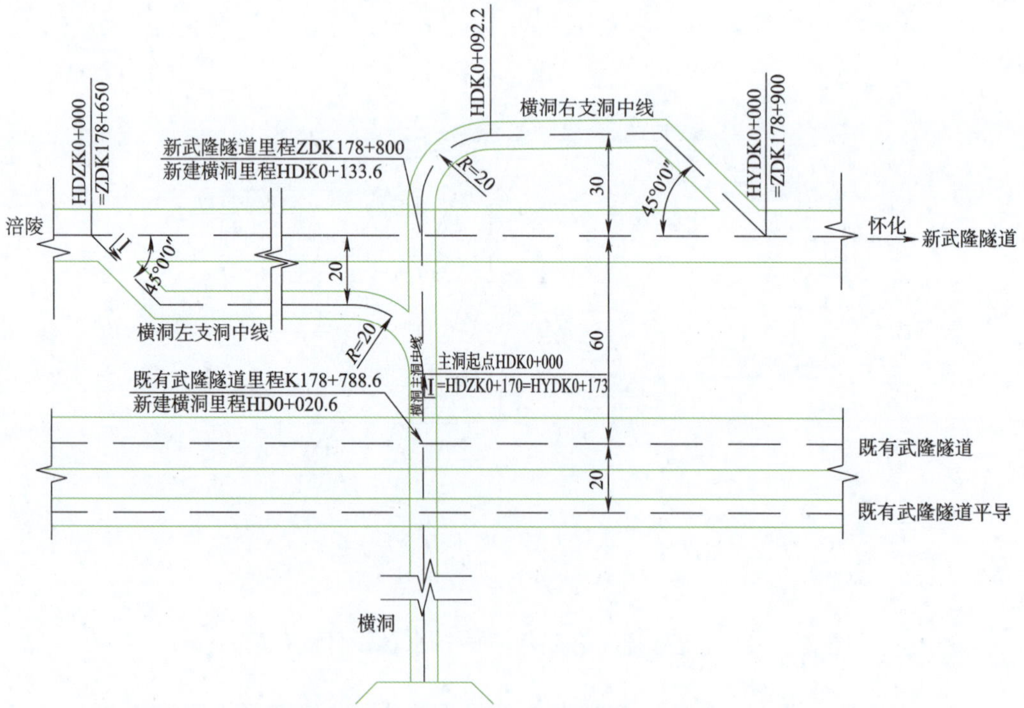

图 3-10　新武隆遂道中部横洞下穿既有线平面图(单位:m)

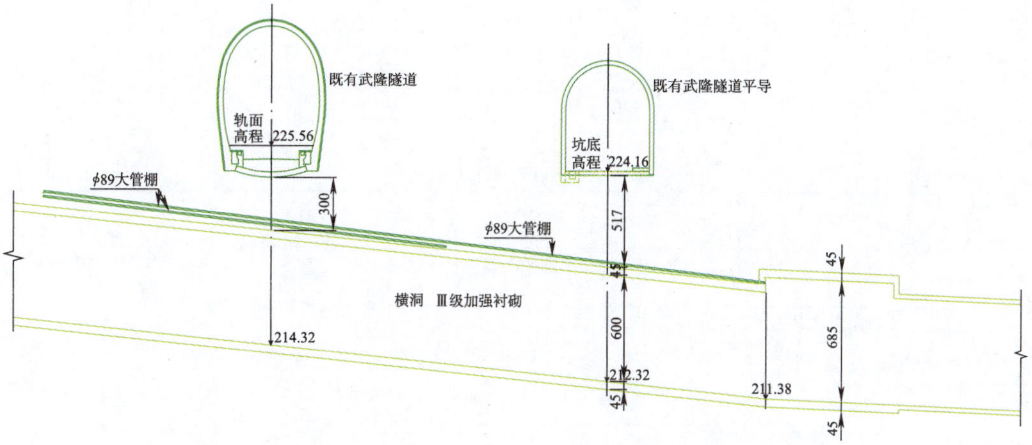

图 3-11　新武隆隧道中部横洞下穿既有线立面图(单位:cm)

为了既有武隆隧道的安全,下穿既有平导段初支采用工 16 钢架和 ϕ89 单层大管棚预支护,下穿既有武隆隧道段初支采用工 18 钢架和 ϕ89 双层大管棚预支护,二衬采用 45 cm 钢筋混凝土Ⅲ级加强衬砌。施工采用弧形导坑法,非爆开挖,并避开列车运行时刻,二衬紧跟,加强对既有隧道的监控量测,严格控制既有隧道的沉降和变形,确保既有线安全。

(3)全隧道采用非爆或控爆开挖,对既有隧道爆破振速分别控制为 2.5 cm/s、5 cm/s 和 10 cm/s,施工期间加强对既有隧道的监控量测。

2. 新圆梁山隧道

新圆梁山隧道长 11 172 m,位于既有隧道右侧 30 m,既有圆梁山隧道长 11 068 m。新圆梁山隧道为既有平导扩挖而成,隧址通过进口毛坝向斜和出口桐麻岭背斜两大地质构造单元,为Ⅰ级风险管理的高风险隧道。既有圆梁山隧道施工期间揭示毛坝向斜核部和东翼在深部滞流带隧道洞身附近发育三个大型高压富水深埋充填型溶洞,充填多为淤泥、流塑～软塑状黏土和饱和粉细砂,岩溶水极丰富,一般情况下涌水量为 1.2 万 m^3/d,最大涌水量可达 24 万 m^3/d,最大静水压高达 4.4～4.6 MPa。新圆梁山隧道平面布置如图 3-12 所示。

(1)既有工程利用情况:全隧利用既有平导扩挖,出口预留 19 m 隧道。

(2)高压富水充填溶洞的处理:进口毛坝向斜分布 1、2、3 号高压富水充填溶洞,其中以 2 号溶洞段(YDK340＋332～YDK340＋402)邻近既有线,处理尤为困难,其位于毛坝向斜核部,溶洞填充介质为红褐色粉细砂、黏土和灰岩碎块石,富含承压水,自稳能力差;受高压、富水、岩溶等诱导因素影响,在既有隧道施工过程

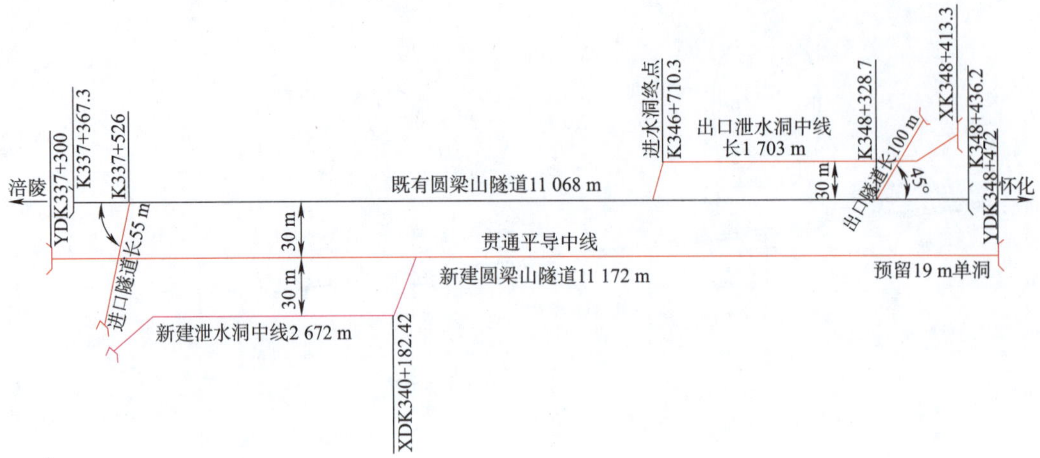

图 3-12　新圆梁山隧道平面布置示意图

中多次突发了大规模的涌水、涌砂和涌泥灾害。预支护采取水平旋喷工法，其措施及施工流程为：在旱季扩挖 2 号溶洞两端形成旋喷工作室→两端施作水平旋喷桩→双层大管棚施作并注浆→新建泄水洞连接既有隧道与平导间泄水洞→CRD 开挖支护→及时衬砌。圆梁山隧道 2 号溶洞溶蚀裂隙带发育平面如图 3-13 所示，新圆梁山隧道穿越 2 号溶洞水平旋喷桩设计图如图 3-14 所示，新圆梁山隧道穿越 2 号溶洞施工工序如图 3-15 所示。

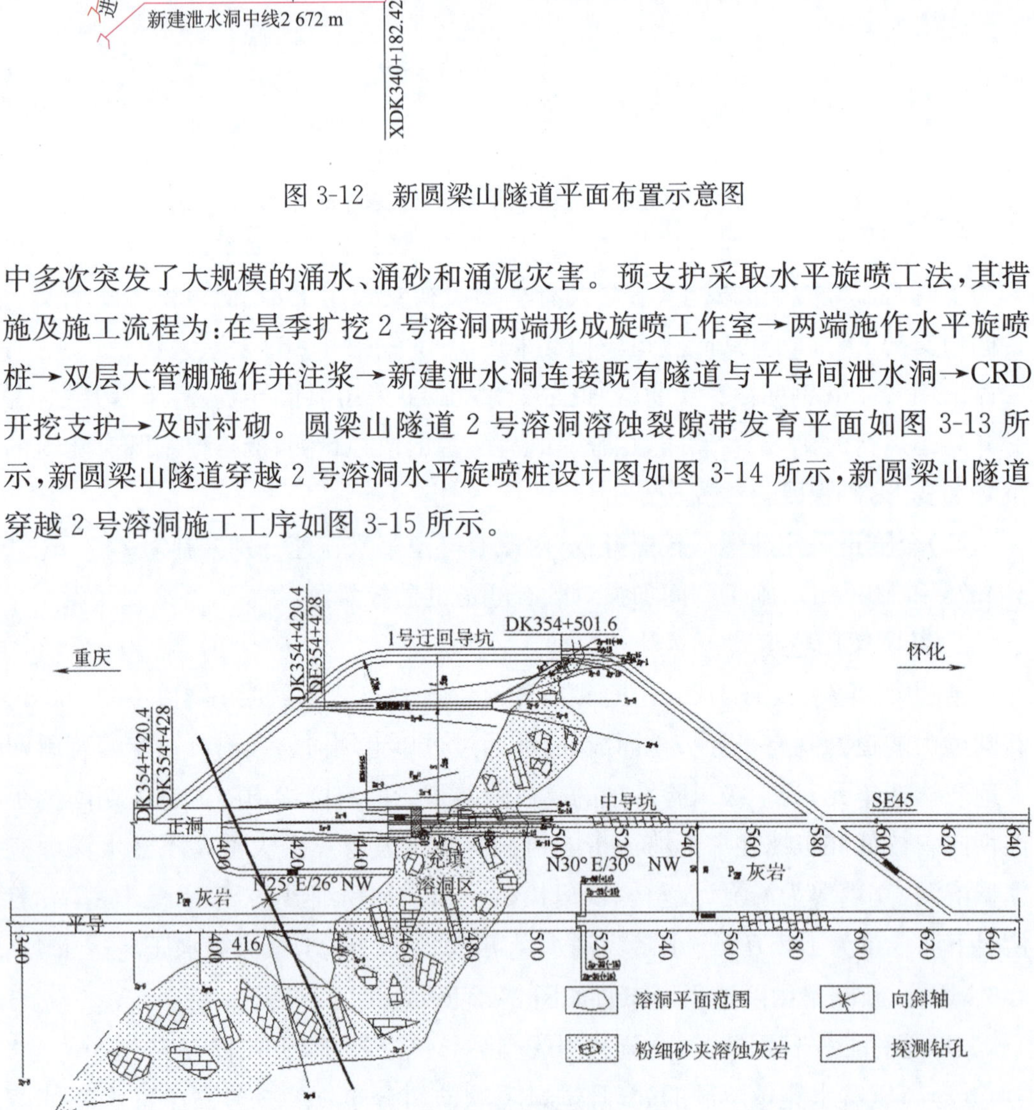

图 3-13　圆梁山隧道 2 号溶洞溶蚀裂隙带发育平面示意图

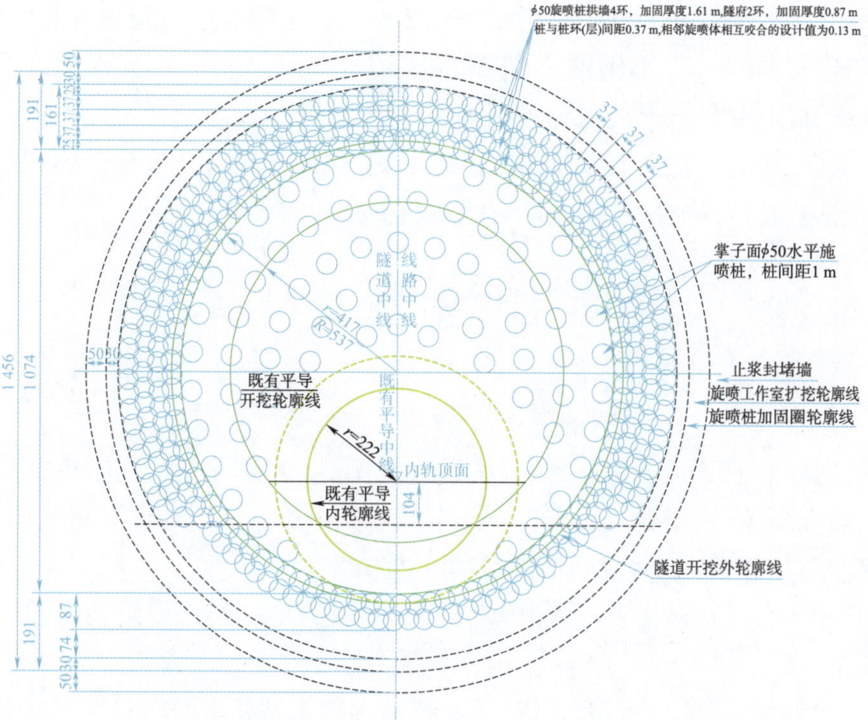

图 3-14　新圆梁山隧道穿越 2 号溶洞水平旋喷桩设计图(单位:cm)

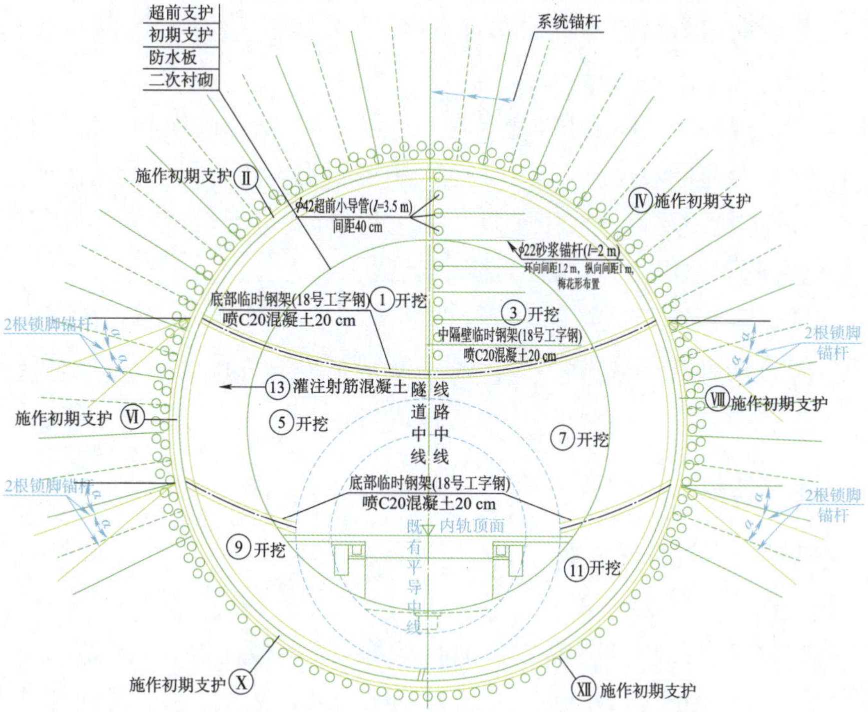

图 3-15　新圆梁山隧道穿越 2 号溶洞施工工序图

采用非爆开挖，初期支护采用喷 25 cm 厚 CF25 钢纤维混凝土、钢筋网、拱墙径向锚杆、H200×150 型钢钢架；正洞衬砌结构按承受 3.0 MPa 水压设计，为高强微纤维钢筋混凝土，混凝土标号不低于 C40。

(3)施工中加强对既有线隧道的监控量测，包括注浆及开挖全过程，及时反馈信息，保证扩挖段落施工安全及既有线运营安全。

第六节　站 场 设 计

一、设计思路

山区铁路地形、地质条件复杂，站场选址困难，大部分车站位于桥、隧相连地段或高填深挖路段，增建二线工程引入车站极其困难。应因地制宜研究与一般平原地区铁路增建第二线引入车站的不同处理方案：

(1)深入分析运营需要，合理确定封闭车站，为第二线选线增加自由度、节省工程投资。

(2)尽量利用既有设备和预留工程，统筹调整车站总平面布置，避免因增建第二线引起既有站坪长度不足而改变既有线。

(3)车站布置服从第二线走向及线位，因地制宜采用大间距上下行车场分修、燕尾式布置、纵向错台布置等特殊布置方案，有效降低安全风险，减少运营干扰，节省工程投资，便于施工过渡。

(4)高度重视施工组织安排，制定施工过渡方案，站改铺轨与通信、信号、电气化等多工种、多专业同步过渡，即时开通。尽量利用天窗时间进行站改施工，避免采用较长的施工封锁要点。对于较复杂的工程，分步进行，合理安排施工顺序，以确保车站正常的运输组织，尽可能地降低运营干扰。

(5)保证运营和施工安全。既有线改建施工安全风险高，因此在制定施工过渡方案时，要特别重视安全风险，必须制定安全施工应急预案体系，保证运营和施工安全。

二、设计案例

1. 白马站上下行分修方案

(1)既有白马站概况

既有白马站地形极为陡峭，车站右侧为乌江，左侧为高山，车站两端均为隧道。到发线 3 条(含正线)，车站重庆端为三线大桥，站内路基地段两侧均有大量上下挡护工程，改扩建极其困难。

(2)增建二线白马站设计

受靠山一侧路基挖方高边坡及临河侧隧道分修限制，增建第二线难以引入既有白马站，因此采用上下行分离的方案，第二线单绕，另行选址设白马下行车场，设到发线 2 条(含正线)，维持既有白马站作为上行车场，两场纵向错开布置。增建二线后新白马站平面布置如图 3-16 所示。

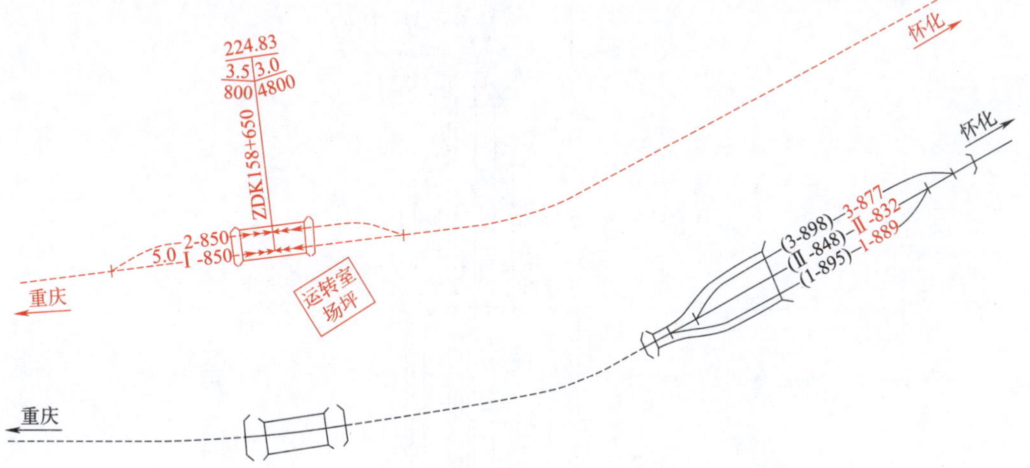

图 3-16　增建二线后新白马站平面布置示意图

2. 土坎站燕尾式布置方案

土坎车站位于桥隧连接地段，重庆端为杨家坝隧道，怀化端为武隆隧道，中间设有 2 座土坎 3 线特大桥。

由于武隆隧道为高风险隧道，若增二线沿既有正线并行引入，除隧道施工风险外，尚需改建重庆端的三线道岔桥，需要中断既有线行车方能实施。因此增建第二线在既有线左侧 20 m 并行通过。

本站采用燕尾式布置，车站新建到发线 3 条，设于上下行正线之间，线路右侧新建货场 1 座；重庆端咽喉上下行不连通，怀化端到发线同时接通上下行正线，满足货运作业的需求。土坎站平面布置如图 3-17 所示。

3. 黔江中间站施工过渡方案设计

(1)既有黔江站概况

既有黔江站为客货运中间站，设到发线 4 条(含正线 1 条)，基本站台和中间站台各 1 座，旅客兼行包地道 1 座。站房同侧怀化端设货场 1 处；中石油油库专用线从车站怀化端线路右侧接轨；设牵引变电所、接触网工区、工务修配所各 1 处。既有黔江站平面布置如图 3-18 所示。

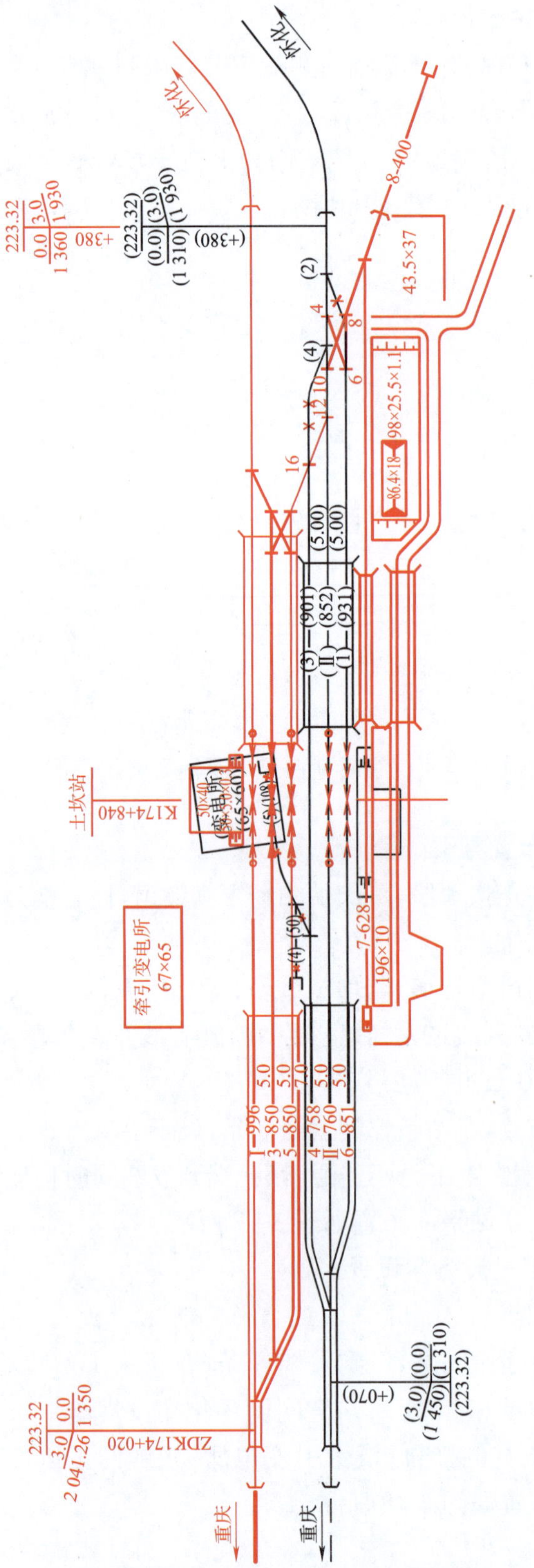

图 3-17 土坎站平面布置示意图

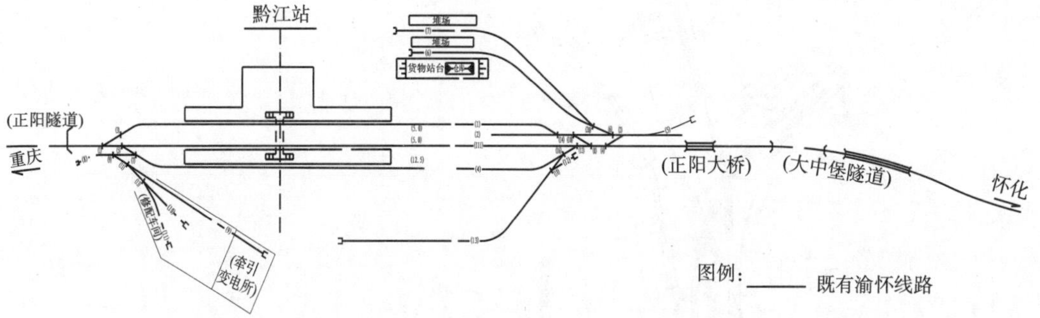

图 3-18 既有黔江站平面布置示意图

(2)增建第二线黔江站改建设计

既有车站站坪长度短,重庆端紧邻正阳隧道,怀化端位于正阳大桥,再往怀化方向为大中堡隧道。改建后车站设到发线 6 条(含正线),预留 4 条;新建货物线各 4 条、牵出线 1 条;新设大机线 1 条,救援列车停留线 1 条,救援列车演练线 2 条;重庆端预留专用线接轨条件,怀化端引入黔张常铁路双线联络线;同时于车站东南侧位置还建中石油油库及专用线。车站平面布置示意图如图 3-19 所示。

(3)施工过渡组织设计方案

第 1 步:修建无干扰的临时牵出线、18 道道岔以及油库专用线工程;然后利用天窗时间拆除(2)号道岔,插入 L-1 号临时道岔,开通临时牵出线;再拆除(5)道,修建施工便线。

第 2 步:进行要点施工,开通施工便线,同时封闭既有正线地段;然后修建正阳左右双线大桥、开挖大中堡隧道,施工 18 道剩余工程;铺设施工便线范围内的增建二线和黔张常左右联络线相关轨道工程。

第 3 步:利用天窗时间开通封闭的既有正线和 18 道,拆除施工便线,启用新油库专用线,拆除既有油库、(12)道和(13)道;修建 8 道(对既有运营无干扰部分),完成铺架基地以及增建二线通往怀化方向的相关线路和黔张常左右联络线余下工程。

第 4 步:利用天窗时间和施工要点时段,拆除(1)、(3)、(5)、(7)号道岔,插入 11、21、L33 号单开道岔,1~7 号交叉渡线,13~19 号交分道岔;开通 8 道和铺架地基。

第 5 步:封闭(4)道以及 11 号道岔与(8)号道岔岔后范围内的(Ⅲ)道区域,然后拆除既有中间站台;修建新站房、新旅客地道,还建中间站台;插入 27、29、31 号单开道岔,铺设 4 道、6 道;接长既有站台,改建既有地道。

第 6 步:拆除铺架基地,修建货场。

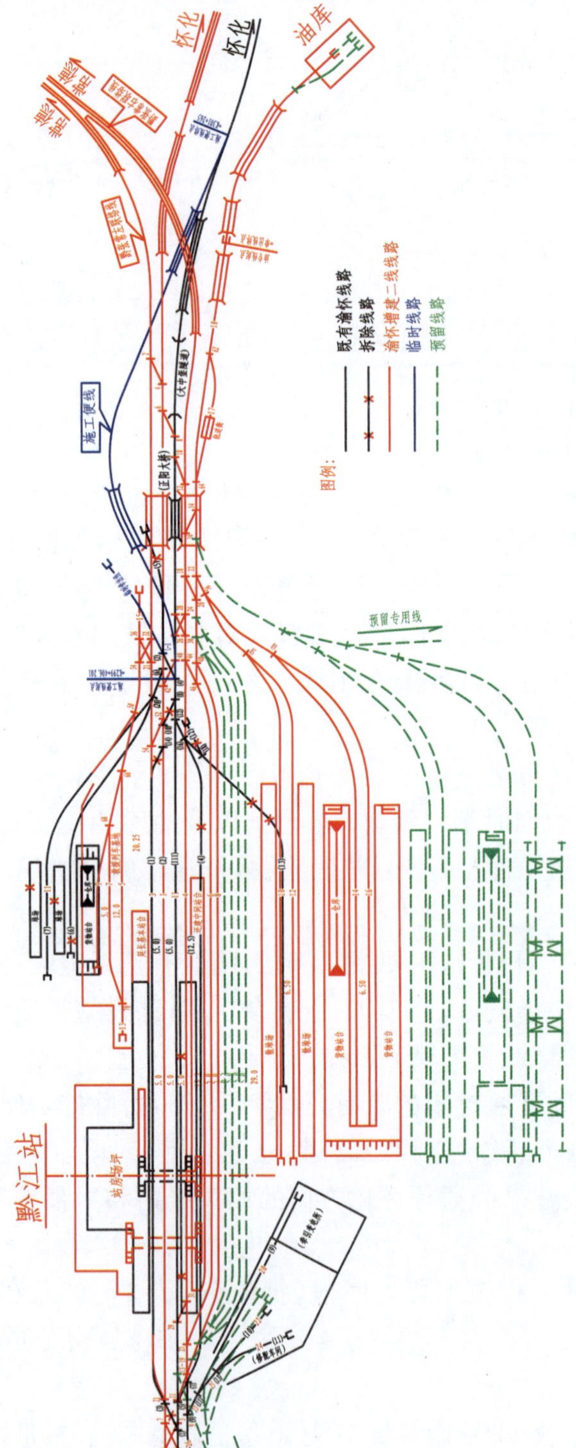

图 3-19　渝怀铁路增建二线黔江站改建平面布置示意图

第 7 步:开通新货场,然后封闭并拆除既有货场,拆除临时牵出线,完成列车救援基地和大机线工程建设;更换(2)道轨道为正线钢轨,完成车站怀化端咽喉改造。

第 8 步:开通全站。

第七节　电气化及信号设计

一、电气化工程

1. 牵引变电所改建过渡方案

为了不影响既有线运营,还扩建既有牵引变电所,先建成运行再拆除旧所,改建牵引变电所利用冗余系统及移动高压室过渡,具体如下:

(1)改建变电所维持既有主接线形式不变,新增馈线接入既有母线,并与既有馈线组成 50%备用方式。

(2)对所内不满足载流要求的导流回路进行更换,并对更换了导流回路的既有架构进行结构核算。

(3)更换的牵引变压器利用既有油池及基础,并根据变压器外形、重量等参数对油池及基础进行改造。

(4)新增馈线一二次设备利用预留的土建位置。

(5)结合运营单位对既有所的大修情况,对综合自动化系统、交直流系统、接地网进行更换或改造。

(6)对主变压器等 110 kV 侧设备的更换,可采用 110 kV 侧切换运行的方式,即如 1 号系统运行时,对 2 号系统停电,进行更换主变等工作。对 27.5 kV 侧设备的更换可以采用移动高压室过渡。

2. 接触网专业施工过渡组织方案及管理措施

为了保证施工天窗结束前,使接触网能够满足正常通车要求及接触网的过渡施工在停电点内完成,施工单位应做好施工前的准备工作并编制施工组织方案。方案要以线路或站场施工改造的步骤为依据。当过渡段接触网恢复时,精确安装和调整接触悬挂都要考虑施工线路纵断面的变化因素。在整个过渡施工阶段,接触网施工要与线路施工密切配合,并考虑附加悬挂等接触网设施,互相协作地完成施工改造。

(1)结合线路、站场的过渡方案设计接触网过渡方案。区间线路换边范围内影响土建施工的既有支柱尽量采用软横跨进行过渡,然后根据先需要开通的股道对既有接触导线进行截断、倒接或者采用临时接头延长,再按正式工程要求进行换线;车站多股道处影响土建施工的既有支柱采用软横跨过渡,过渡支柱尽量邻近既有支柱并避让土建施工的场坪,待场坪完成后再按照正式工程的图纸要求施工;单线区段影响土建施工的既有支柱采用单腕臂柱过渡,避让影响土建施工位置;桥梁上既有硬横梁吊柱影响架桥机、桥梁运输通过的,采用吊柱换边等方式。

(2)正式工程设计时应尽量考虑改建中可能出现的过渡情况,应充分利用既有设备及正式工程设备尽量做到永临结合,各阶段设计充分利用前阶段工程,减少废弃工程或重复过渡工程。过渡方案应方便施工和运营,最大限度地缩短停电天窗。按照逐段理顺开通的原则进行施工组织方案设计。

二、信号工程

(1)信号过渡方案

封闭车站退出行车:先封锁侧线股道,相关道岔由工务钉死,车务锁死,电务断开节点,保持正线通车;拆除正线道岔时,恢复封闭车站相邻两站间半自动闭塞,封闭车站退出行车。

区间半自动闭塞过渡方案:根据区间线路拨接方案,由行车专业检算接近信号机布点,新建线原则上新设室外信号设备,根据需要新设或利用既有室内设备实现半自动闭塞。

(2)站改过渡方案设计

配合站场的线路拆、铺,既有道岔的拆除、新道岔的插入,信号工程配套拆除既有道岔转辙设备、安装新铺道岔转辙设备并纳入联锁检查,安装调试轨道电路设备。移设或拆除既有信号机、安装新设信号机及相关轨道设备,根据信号显示要求或维持既有显示方式或修改相关信号控制电路,通过新、老分线盘间的过渡电缆调试信号显示、导通相关轨道电路。

第八节　设 计 管 理

一、严格落实选线原则

增建第二线方案选定,不仅要考虑地质情况,同时要兼顾二线的施工安全及施工对既有线造成的运营安全影响,充分体现安全选线、环保选线、地质选线和工程选线的理念。

二、加强设计管理

(1)资料收集一定要齐全完备。在增建二线工程中,资料收集时不仅要收集原来的设计文件,还需要收集既有线施工时的变更、竣工资料,力求掌握全线的工程情况；同时在外业测量时要注重对运营设备现状的收集，掌握目前线路设备的运营情况。

(2)加强对外沟通。设计中要与铁路局设备运营管理单位保持良好的沟通联系，了解既有设备、工程、运营状况及既有线的维护、病害情况，才能在设计方案选择时做到有的放矢。

(3)做好设计文件内部审查。在内部设计文件审查时，除邀请有经验的专家外，还邀请当年参与既有线设计、配合施工人员参与，全面掌握既有线情况。

三、优化设计方案

(1)设计中存在个别段落位于同一路堑内，但其扩挖范围超出了控制爆破50 m的范围，50 m以外的石方开挖采用一般爆破开挖，对既有线存在一定的安全隐患，对于同一路堑内的石方开挖考虑实际情况及既有线安全防护难易程度，选择按照控爆、非爆开挖方案进行实施。

(2)位于既有线旁的软基处理段落，需进行复合地基处理时，考虑施工机具对既有线的干扰，在能达到设计要求的前提下，尽量采用旋喷桩进行复合地基加固，以减少对既有线营运的干扰及保证施工的安全。

(3)增二线帮宽设置路肩支挡结构时，支挡结构基坑严格按照设计要求分段开挖，边开挖边按照设计要求施作临时防护措施，开挖一段防护一段；若需拆除既有挡墙、侧沟或护坡时，应分段拆除，拆一段修补一段，同时必须加强临时防护措施，以保证既有线运营的安全。

(4)既有预留桥施工时(架设预留梁、撤除既有梁、重新架梁或平移梁)，对运营影响较大，施工时应与运营单位具体协调，保证既有线安全，对架梁施工组织方案进一步优化研究，在征得运营管理单位同意后方可施工。

(5)与既有桥梁人行道、接触网立柱有干扰或需要拆除既有人行道及接触网立柱时，应保证既有线通信、信号、电力、接触网等临时畅通，并根据现场实际情况拆除或还建人行道。

(6)新建隧道与既有隧道小净距并行或需要对既有隧道进行预加固时，施工单位应制定必要的安全应急预案及防护措施，并对施工人员进行必要的安全培训，且应与运营单位相关部门签定安全协议后方可进行施工，施工过程中应有专门的防护人员。

(7)新建隧道施工对既有隧道有影响时，要事先收集影响段既有隧道衬砌结构现状、病害情况、无损检测等资料，充分评判新建隧道施工对既有隧道的影响，并制定合理的施工方案及结构形式，加强施工过程中对既有隧道的监测，确保运营安全。

第四章　邻近既有线深路堑施工组织管理

邻近既有线路基，尤其是深路堑的施工组织，历来因为施工难度大、安全防护压力重、影响范围广等特点而受到参建单位和运营管理部门的高度重视，采用常规的路基施工组织管理，施工中稍有不慎，就会对运营线的安全及正常运营造成不可估量的损失。邻近既有线深路堑施工的关键点总结起来包括：

(1)系统设计。充分调查清楚营业线的现状，分析新建线路特点、与营业线的关系，从源头研究确定相应的设计方案，提出施工注意事项。

(2)建立健全规章。结合营业线施工管理规定，细化相关规章制度，规范施工组织管理。

(3)严格过程控制。施工过程中，严格落实各项施工防护措施，遵守各项规定，坚守红线。

本章结合渝怀铁路涪陵至梅江段增建二线深路堑施工案例，对邻近既有线深路堑的施工组织管理进行分析和介绍。

第一节　工 程 概 况

渝怀铁路涪陵至梅江段增建二线工程地形地质条件复杂，基本与既有渝怀铁路并行，两线间距 20 m 以内线路长度约 86 km，占全线 28％；两线间距在 20～50 m 线路长度约 92 km，占全线 30％；两线间距 50～200 m 线路长度约 83 km，占全线 27％；两线间距 200 m 以上线路长度约 45 km，占全线 15％。其中，两线间距在 50 m 以内共 178 km，占 58％；涉及 29 个既有车站站改，6 处(3 处区间拨接、3 处站内换边)换边拨接施工，施工安全风险极高。

全线路堑扩挖共计 29.6 km，其中两线间距 20 m 以内、路堑高度 8 m 以上共计 64 处。典型工点 ZDK192＋980～ZDK193＋252 段深路堑桩间土钉墙工点，属于中低山乌江峡谷地貌，高程约 255～410 m，相对高差约 50～160 m；路堑边坡高度约 40 m，坡度约 60°，开挖工程量约 5.4 万 m^3，该点作业面距营业线最小距离 4.2 m。

第二节　施工组织方案

邻近既有线深路堑开挖主要安全风险为高边坡崩坍、落石，施工机械翻落，侵入限界。主要采取以下施工组织方案。

一、非爆开挖法

由于既有线边坡与新线边坡在同一路堑，其间不能形成屏障，结合施工空间考虑，当新线堑顶距既有边坡堑顶距离小于 20 m 时，采用破碎头、液态炸药预裂爆破等非爆方式开挖，如图 4-1 所示。

对多级边坡或条件许可地段，按照“全封闭、全隔离”的原则搭设双层或三层防护排架，将施工现场与既有线物理隔离，防止施工机具、土石侵入既有限界，如图 4-2 和图 4-3 所示。

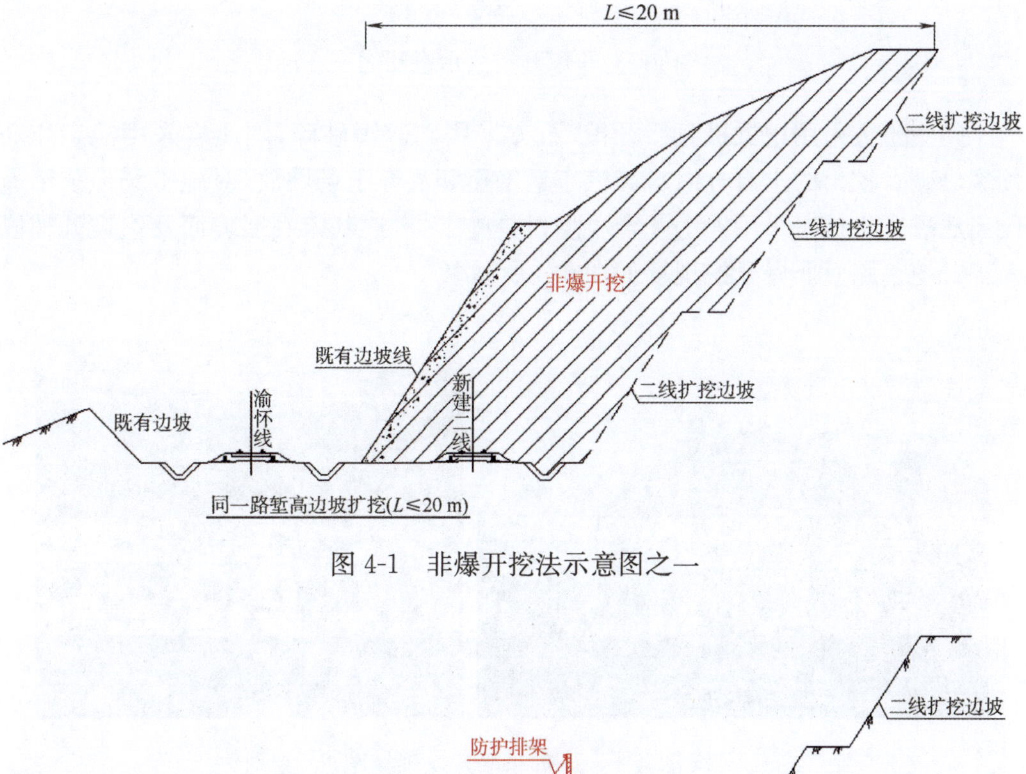

图 4-1　非爆开挖法示意图之一

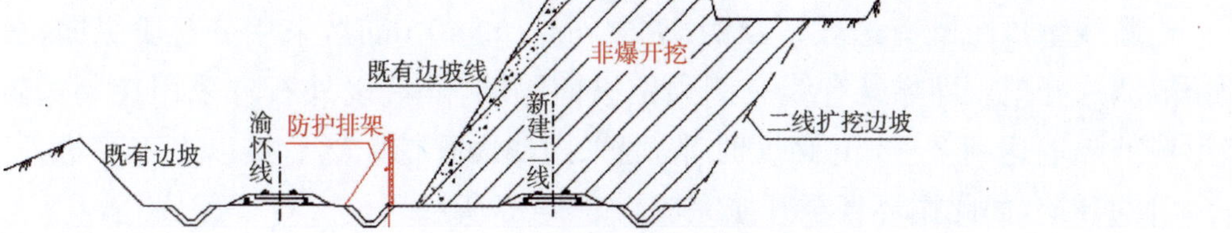

图 4-2　非爆开挖法示意图之二

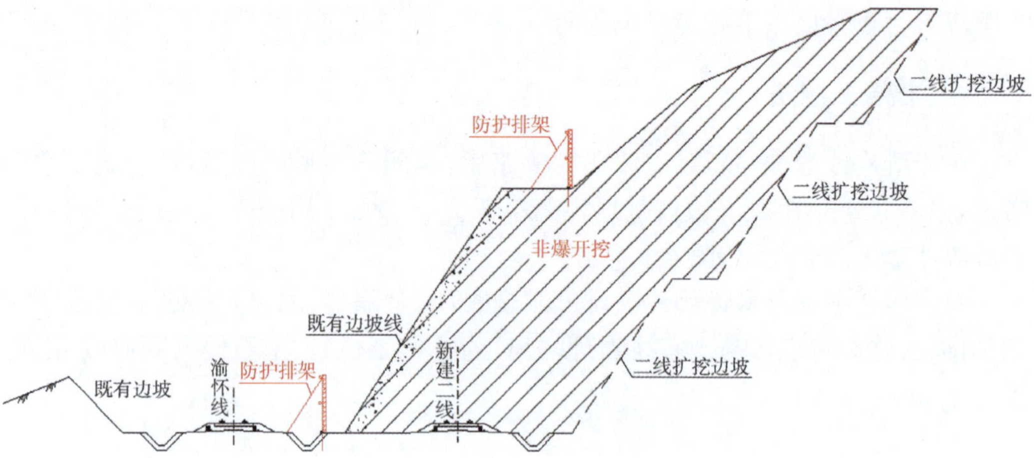

图 4-3　非爆开挖法示意图之三

路堑土方采用挖掘机直接开挖，石方采用破碎锤破碎，硬质岩采用液态炸药预裂爆破。挖出的土石方由自卸汽车运输至邻近弃土场堆放，对施工场地狭窄地段无法进入机械时采用人工配合小型机具施工，靠近基床底层表面及边坡处辅以人工开挖。路堑非爆开挖现场如图 4-4 所示。

图 4-4　路堑非爆开挖现场图

二、预留隔墙开挖法

当新线堑顶距既有边坡堑顶距离 20 m＜L≤50 m 时，采用分台阶纵向拉槽预留隔墙法开挖。即靠既有线一侧预留纵向隔墙，隔墙以外石方采用控制爆破，当形成的隔墙达到 2～3 m 高度时，隔墙采用非爆开挖。然后按以上工序进入下一台阶的开挖，如此循环直至开挖完成，如图 4-5 所示。

当既有边坡较高，控爆或隔墙开挖施工可能形成沿既有坡面落石的地段，开挖前对既有边坡采用主动柔性网覆盖，必要时采用被动网加强防护，并在既有线

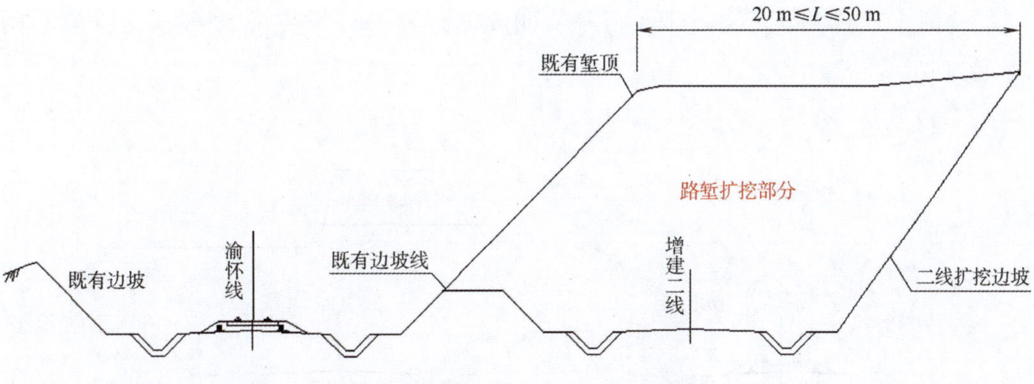

注：堑顶距既有边坡堑顶距离20 m<L≤50 m采用隔墙法

图 4-5　预留隔墙开挖法示意图之一

路、设备外侧设置防护排架。为防止爆破飞石，爆破前对爆体进行全表面覆盖，如图 4-6 所示。

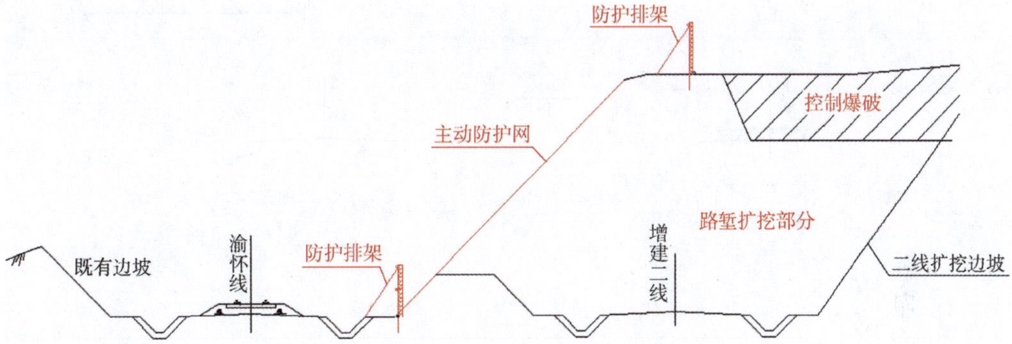

图 4-6　预留隔墙开挖法示意图之二

靠营业线一侧预留宽度不小于 2 m 的纵向隔墙，当隔墙高度超过 2 m 时，采用非爆开挖，保持隔墙高度 1 m 以上，如图 4-7 所示。

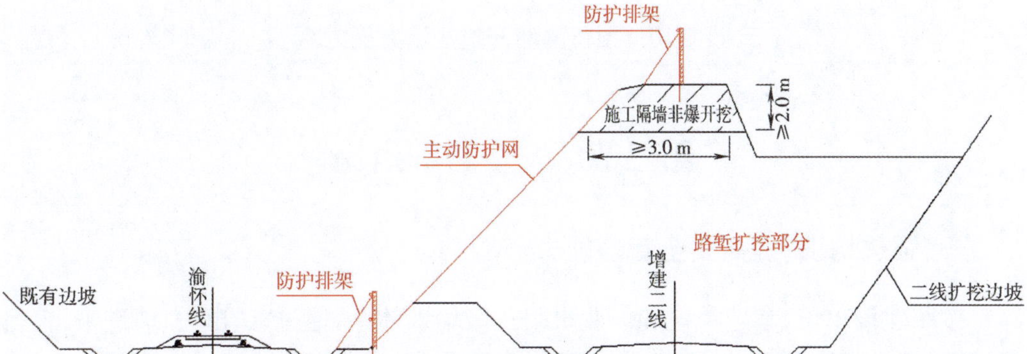

图 4-7　预留隔墙开挖法示意图之三

按以上工序进入下一台阶的开挖，如此循环直至开挖完成，如图 4-8～图 4-10 所示。

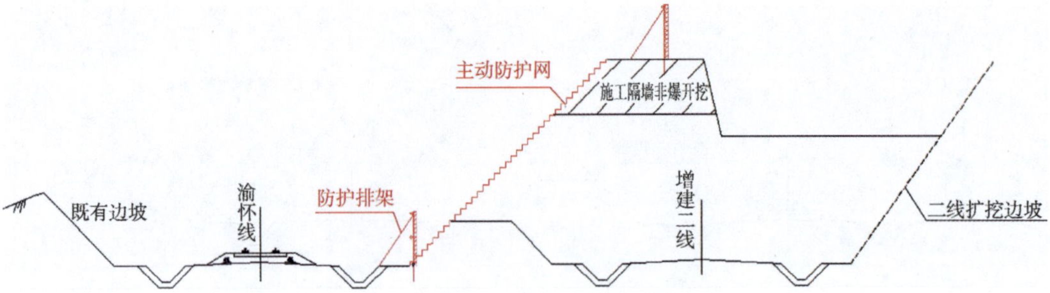

图 4-8　预留隔墙开挖法示意图之四

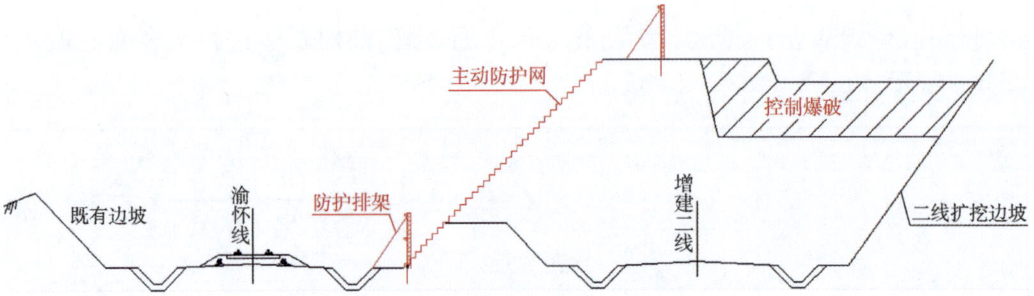

图 4-9　预留隔墙开挖法示意图之五

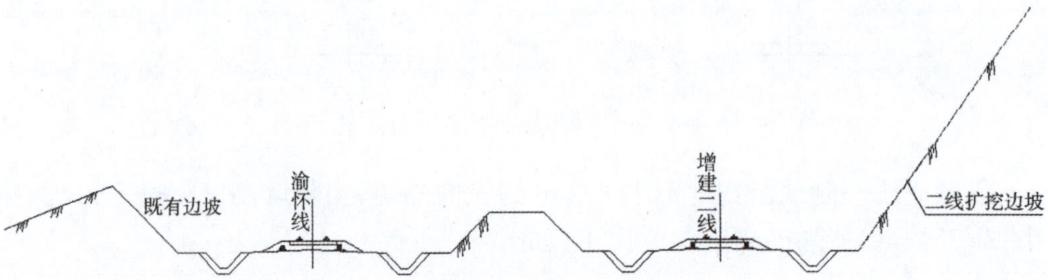

图 4-10　预留隔墙开挖法示意图之六

第三节　安全管理措施

一、强化培训，提高安全管理能力

按照建设单位、参建单位和作业班组三级培训体系，通过“送出去、请进来、自行组织”等模式，不定期组织培训、考试和应急演练，全面提高营业线安全管理能力。

(1)开工前，由建设单位统一协调组织对参建单位主要管理人员进行营业线安全管理培训，考试合格取得合格证后方可上岗。

(2)各参建单位对所有班组人员上岗前，组织营业线施工安全专项教育培训和考试，定期对施工中出现的问题进行集中通报和讲解，提高作业人员的安全防范水平和技能。

(3)作业班组每道工序施工前，应坚持进行安全技术交底，每天班前现场安全讲话，班后安全总结，提高作业人员营业线安全意识，规范营业线施工安全操作。

(4)重视应急演练。制定邻近营业线施工安全和防洪抢险应急预案，成立应急救援领导小组，明确具体分工和主要职责，按照统一指挥、政令畅通、上下联动、快速有序的要求，开展应急预案模拟演练，锻炼应急处理能力。

二、健全台账，落实风险管控措施

(1)施工前，建设单位组织参建单位对深路堑扩挖、小线间距桥台施工等可能危及行车安全的风险进行全面排查，有针对性的制定安全风险防范措施，建立《邻近营业线施工安全风险态势图》和《工点安全风险台账》。

(2)施工期间，建设单位应组织对现场安全风险进行不定期排查，及时发现新增风险，调整安全风险台账，落实相应措施。

(3)根据铁路局批复的月度计划，落实风险源控制措施、应急预案，明确责任人、包保人，建立风险管理台账，实行问责制度并及时更新风险管理台账。

三、联合调查，落实开工条件

施工人员、施工方案和施工计划的批复，既有设备地下管线确认，地上设备防护措施落实和既有设备原始状态的测量等应作为开工前提条件。开工前，建设单位应组织设备管理单位共同确定施工区域，确认施工区域内地上和地下既有设备现状，建立联签确认制度。特别是应探明地下管线，光、电缆位置，探清地下管线数量及线路走向，设置警戒防护标志和保护措施。如图 4-11、图 4-12 所示。

图 4-11　地下管线探测仪探测管线

图 4-12　地下管线标识

四、设置隔离，筑牢安全屏障

（1）根据地形和地质情况分级设置物理隔离设施。一般地段设置一道或多道防护排架，如图 4-13 所示。对开挖坡度陡峭，土层内可能存在孤石或石质边坡较破碎的地段应增设主动防护网，如图 4-14 所示。对特别高风险地段采取防护排架、主动防护网加被动网的隔离措施，如图 4-15 所示。

图 4-13　一般地段隔离防护

图 4-14　陡峭段隔离防护

图 4-15　高风险地段隔离防护

（2）对接触网支柱、通信信号设备采取有效的防撞、防冲击隔离措施，防止机具、滚石等直接冲击接触网杆、通信信号设备，如图 4-16 所示。

（3）堑顶、桥梁墩台附近施工便道设置施工隔离墩，防止施工机具翻（滚）落侵入营业线限界，危及行车安全，如图 4-17 所示。

图 4-16 接触网立柱物理隔离防护

图 4-17 施工便道防撞墩

五、动态监测，全天候看守

（1）对既有路堑边坡危石、裂纹、桥梁墩台位移和线路路肩标高、轨道几何尺寸等进行重点监测。开工前进行首次测量，首次测量应联合设备管理单位共同确认，施工期间定期观测，特别加强雨后和作业后监控量测，并及时分析数据结果，实时掌握既有设备状态变化。

（2）对既有线安全排查或施工监测中可能危及营业线行车安全的工点，应设置 24 小时看守点，纳入车机联控，部分工点设置视频监控系统，实时监控。

六、车来机停，严格“一人一机”防护

（1）高路堑开挖工点建立车机联控机制，设置驻站、工地和远端“三位一体”安全防护人员，现场配备对讲机，随时掌握列车运行动态，每一辆列车通过时，提前与现场防护人员联系。

（2）现场大型车辆应确保检养到位、状态良好，并配备责任心强、操作娴熟的操作人员，持证上岗。

（3）落实“一人一机”防护。每台作业机械配一名专职安全防护员，负责来车通知和警戒工作，施工地段有列车通过时，应停止紧靠邻线的任何机械施工作业。

七、车机联控，加强爆破作业管理

（1）根据铁路局批复的施工方案，路堑爆破施工纳入营业线Ⅲ级请点封锁施工，及时掌握施工计划期间列车运行动态，减少施工与行车相互影响。

（2）每次控爆前，现场监理和施工负责人对爆破的进尺深度、爆孔数量及布设、装药量进行签字确认。包括对爆破体覆盖情况进行检查确认。

（3）爆破作业后，与设备管理单位监管人员共同对既有设备情况联合检查，确

认完好后，方可销记开通线路。

八、工完场清，做好施工区域封闭

(1)每次施工完成后，监理单位应组织施工和现场配合人员对既有边坡开挖面、防护排架等隔离设施进行排查，及时清除危(孤)石，消除防护排架松动等安全隐患。

(2)加强施工区域全封闭管理，所有路材路料、机械机具施工完成后均撤离施工区域，堆码整齐，安全门设立 24 小时守护，严禁无关人员进入。

第四节　过程管理措施

一、完善规章制度

严格遵照《铁路营业线施工安全管理办法》及营业线施工相关安全管理规定，制定《营业线施工安全管理实施细则(试行)》，明确营业线管理的总体要求："营业线施工无小事，事事讲标准；营业线施工讲程序，事事有秩序；营业线施工讲原则，事事有规矩"。严格标准化管理，落实"四个一"管理机制，即"单位工程开工一个、规范一个、达标一个、评审一个"。

二、把控关键要点

严格贯彻营业线施工无小事的管理理念，注重安全风险排查，并将规范管理程序、制度管控、过程卡控贯穿营业线施工全过程。严格落实营业线"六弄清、七把关"13 条基本要求，"六弄清"：即弄清工作内容、弄清现场环境、弄清施工流程、弄清人机料配置、弄清安全风险环节、弄清时间节点，并重点盯控；"七把关"：即把好施工质量关、把好施工安全关、把好 LKJ 数据关、把好线路开通关、把好列车放行关、把好施工防护关、把好应急处置关。

三、细化措施办法

建设单位应贯彻中国铁路总公司、铁路局有关规定，细化制定《邻近营业线施工安全、防护措施实施细则》、《安全质量"红线"管理考核办法》、《邻近营业线施工安全风险态势图》、《隧道施工安全风险态势图》、《施工现场常规检查手册》等办法，细化营业线施工管理的要求，形成铁路局、建设单位、施工单位对营业线施工"齐抓共管"的体系。

参建施工、监理单位编制标准化管理实施方案、综合管理制度和责任体系，编印《安全质量卡控手册》、重点工程《施工作业指导书》、《标段安全风险台账》，建立

“日盯控、周分析、月考核”制度，保证各项施工要素处于制度控制范围。

四、严格审查程序

营业线施工应严格执行“一点一案、一案一审”的方案审批制度。重点强调建设单位应组织参建单位与设备管理单位共同实地调查，确认施工影响范围、施工条件、既有设备情况，签订现场调查表。严格执行“三级”审查制度，即：监理单位预审、建设单位组织站段初审、铁路局组织业务处室审批，其中Ⅰ级施工报Ⅰ级施工领导小组审定。对重难点及高风险施工应组织专家进行方案评审和论证，尽可能提高方案的合理性、科学性和可靠性。

五、规范施工管理

建立邻近营业线施工项目开工、复工许可证制度。所有营业线及邻近营业线工点均需取得许可证后方可开工、复工。施工单位提出申请，监理单位组织确认，建设单位复查，对达到开工、复工条件的工点及时签发许可证。严格执行营业线施工“三会制度”，即按照营业线施工等级由施工单位领导小组召开施工协调会、施工准备会及施工总结会，狠抓施工条件的确认、施工方案及应急措施落实，并分专业填写施工条件检查确认表，落实检查复核责任。严格现场的盯控，按照营业线施工等级，施工、监理、设备管理单位，铁路局业务处室派员进行施工过程关键作业环节盯控。

第五章　机械插铺大号码道岔施工组织管理

随着大规模高速铁路的建成运营，在既有高速铁路插入 42 号大号码道岔施工越来越多。插入道岔主要施工方法通常有人工和机械铺设两种，其中小型道岔铺设两种方法都比较成熟，可根据施工场地条件和设备配置情况灵活选用。但 42 号大号码道岔插入铺设施工组织目前还在不断探索和总结经验阶段。大号码道岔插入施工主要有以下特点：

(1)对既有线运营影响大，通常需要在较长时间的天窗点内完成施工。

(2)配合专业多，需要工务、电务、运输等多部门多专业配合才能实施。

(3)施工精度要求高。

(4)安全风险大。大号码道岔插入施工，采取人工铺设方法，将投入大量的熟练工人，劳力组织难度大；采用机械插铺施工，对施工场地条件和施工机械精度要求较高。

本章结合青荣城际即墨站插铺大号码道岔的施工案例，介绍机械插铺 42 号大号码道岔的施工组织管理。

第一节　工程概况

一、设计情况

青荣城际上行联络线通过即墨站 2～4 号道岔在 K41＋676 接入胶济上行正线，下行联络线通过 6～8 号道岔在 K41＋705 接入胶济下行正线，如图 5-1 所示。

上行线线间距为 5.3 m，下行线线间距为 6.0 m。2、4、6、8 号道岔为 60 kg/m-1/42 号单开道岔，图号为 CN-6142AT，重量为 212 t(含混凝土岔枕)。道岔全长 172.495 m(岔前 60.573 m、岔后 76.353 m、岔后过渡枕地段 35.569 m)，如图 5-2 所示。其中 2、6 号道岔为定位铺设，4、8 号道岔为对位预铺，点内插入。

二、现场情况

胶济线为动车通道，日运行旅客列车 90.5 对，货物列车 14 对，最高运行速度 200 km/h，行车密度大，运行速度高。4、8 号道岔插铺施工位于站内上下行正线。

即墨站青岛端下行正线侧为货场调车线，调车作业频繁，上行侧为新建货运单线。

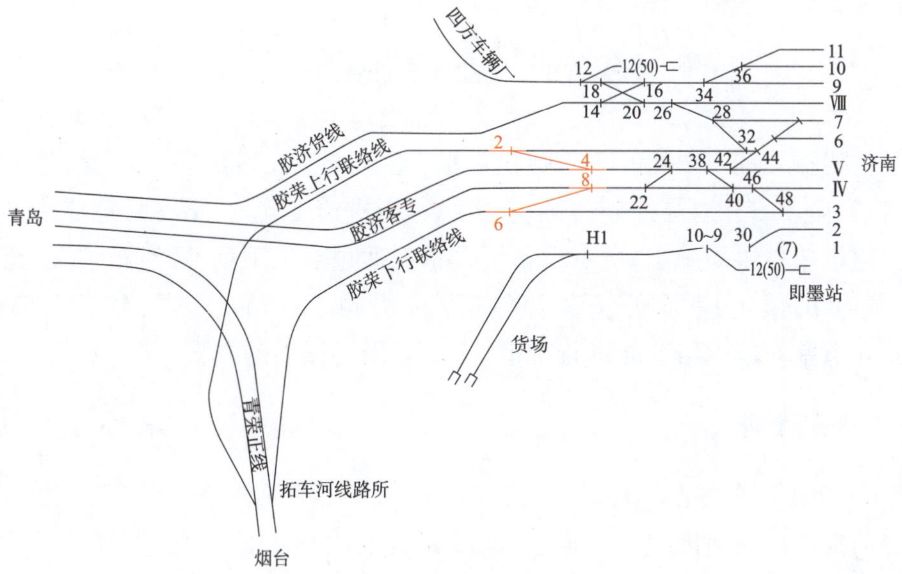

图 5-1　道岔位置图

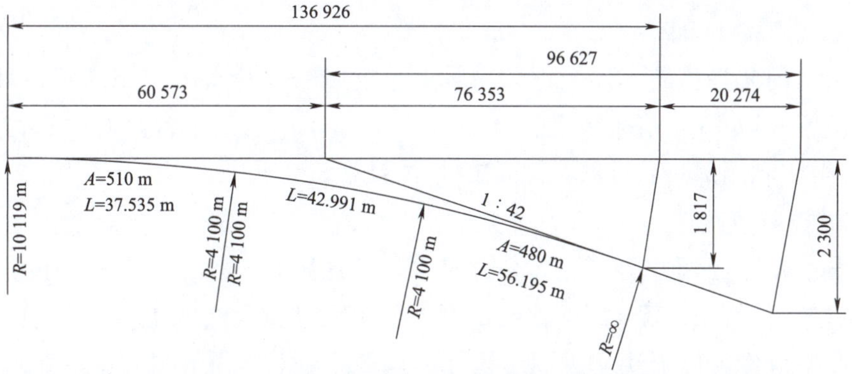

图 5-2　42 号道岔结构示意图(单位:mm)

两侧均有接触网 3 跨,道岔轨料运输及组装受限条件较多,现场如图 5-3 所示。

图 5-3　道岔插入点现场图

第二节　施工组织方案

总结机械插铺12号和18号道岔经验，施工方法比较成熟，营业线施工要点时间短，安全质量相对易控制，且道岔横纵移行进速度均匀，不容易造成道岔扭曲变形。建设单位组织施工单位、设备管理单位通过对施工场地、行车情况、道岔参数、人员和机械组织等充分调查分析，对法国Geismar公司生产PEM807/LEM460道岔换铺机组性能进行论证，决定采用机械插铺方案。

一、施工准备

1. 立柱改造和栅栏改移

提前拆除既有封闭混凝土栅栏，向线路方向改移1.2 m设置钢丝网硬隔离，将既有线路与预铺道岔间的3跨单柱接触网立柱改造为硬横跨，为道岔插铺施工创造条件。

2. 道岔整体预铺

道岔由河北秦皇岛汽运至青荣城际上下行联络线跨天山三路高架桥(距离道岔预铺位置6 km)，采用横担梁配合75 t、50 t吊车吊装至小台车通过工程线倒运至现场，组织利用邻近营业线施工完成整体预铺。

3. 遥控装置改造

60 kg/m-1/42号单开道岔本体重达212 t，法国Geismar道岔换铺设备每组8个吉斯玛单元，每个单元动力载重20 t，一组换铺设备无法实现提升并横移，两组无线遥控装置发射器无法实现同步操作。组织专业技术人员攻关，重组无线遥控装置，通过多次模拟演练和试验，成功实现了遥控操作系统同时操作两组道岔换铺设备的功能。

4. 制定施工组织方案

经过实地考察，研究确定轨道车、换铺机械、大型捣固车等施工车辆到达和停留地点，建设单位组织研究施工队伍和小型施工机具调配方案及路料进场组织等，同时调查现场，划定新岔预铺位置。

经与运输部门现场调查分析，决定停用即墨站货场调车线1股道，在货场调车线和新建货单线位置对位预铺道岔，优化接触网设计并提前进行改造。同时细化施工车辆进出即墨站方案，对机械设备和车辆停放股道、进出施工地点顺序、运行径路和时间，进行详细研究和铺画，如图5-4～图5-7所示。

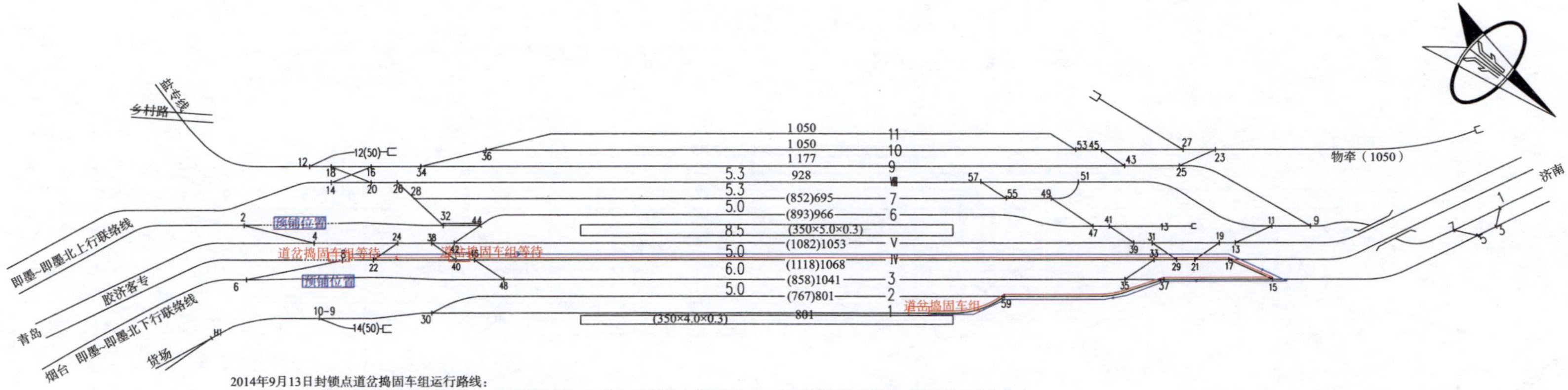

2014年9月13日封锁点道岔捣固车组运行路线：
3号作业车（道岔捣固车组）：封锁点后，由1道转Ⅳ道运行至作业地点作业。作业完毕后，返回Ⅳ道后转1道保留。线路顺序：红色-蓝色

图 5-4　道岔插铺时道岔捣固车组运行路线

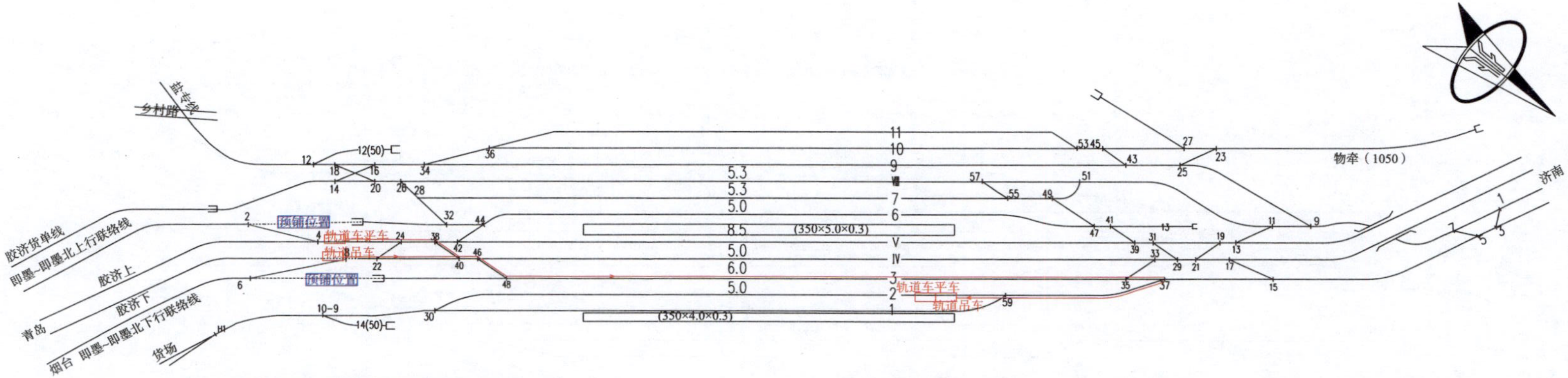

2014年9月9日封锁点换铺设备运行路线：
封锁点前（21:00）轨道车组牵引换铺设备由蓝村站运行至即墨站3道保留，封锁后一台轨道车牵引平板（吊车）一辆进入下行线吊装位置，之后另一台轨道车顶送平车4辆进入上行线吊装位置，将上位机吊装至8号预铺道岔上。吊装完成后上行线轨道车牵引平车4辆进3道转2道，另一组轨道车顶送平板（吊车）一辆进入3道转2道连挂，做好防溜。

图 5-5　道岔换铺设备吊装运行路线

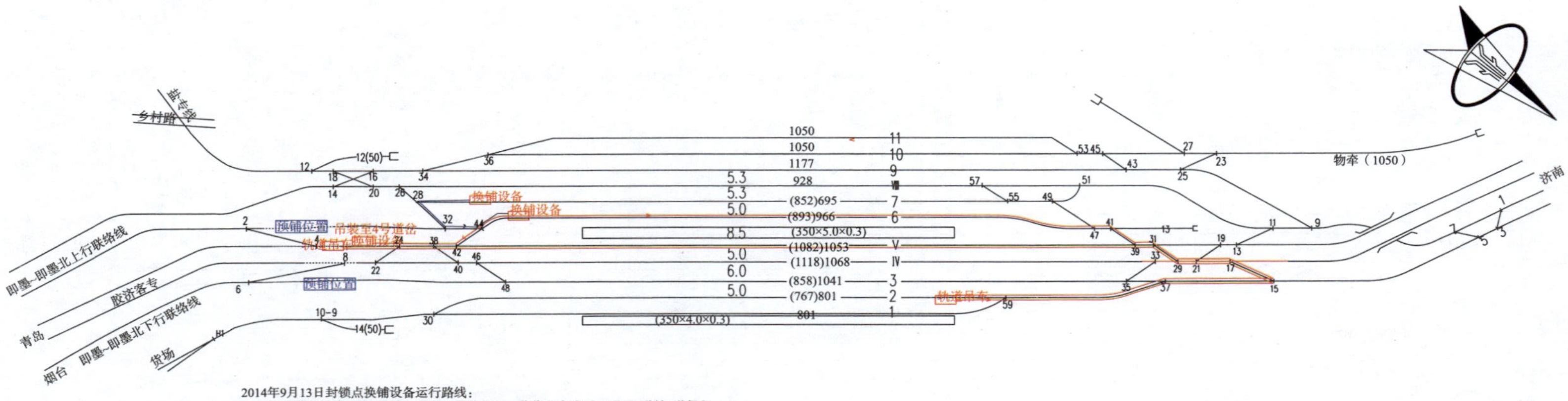

2014年9月13日封锁点换铺设备运行路线：

轨道吊车封锁后由2道转Ⅴ道进入吊装位置，待作业完成后，返回6道转2道保留。

2号作业车（换铺设备16台）封锁点前由7道转6道，封锁后待轨道吊车进入吊装位置后再由6道自轮运行至作业地点，吊至4号预铺道岔。

图 5-6　道岔插铺时换铺设备运行路线

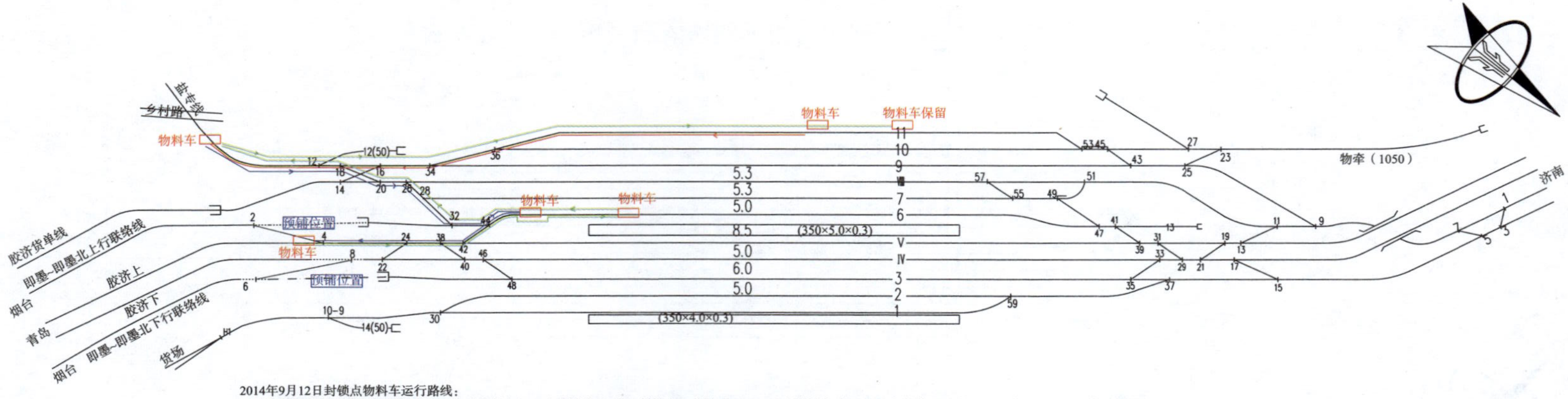

2014年9月12日封锁点物料车运行路线：

租用机车在11道济方连挂1号作业车（物料车），点前转线至6道，封锁点30分钟后(22:35)顶送物料车4辆进入上行线作业地点；23:25作业完成后，牵引物料车4辆原路返回6道，后进盐专线卸车，卸车完毕后返回即墨站11道保留。路线顺序：红色-蓝色-绿色

图 5-7　道岔插铺时物料车运行路线

5. 分工和流程

组织全部施工人员进行安全培训、技术交底、熟悉流程，细化分工、责任到人，组织技术人员现场测量，标定控制数据，划定新旧料存放区域等。

6. 组织演练

利用施工天窗轨道车牵引轨道吊进入下行线，另一台轨道车运载换铺设备进入上行线 8 号道岔预铺位置，将上位机吊装至预铺 8 号道岔按方案布置就位，换铺设备操作人员上机操作提升横移道岔，调整参数，同时组织全部施工人员进行全过程模拟演练，确保施工顺利实施，如图 5-8 所示。

图 5-8　模拟演练

二、要点插铺施工作业

施工流程控制图如图 5-9 所示。

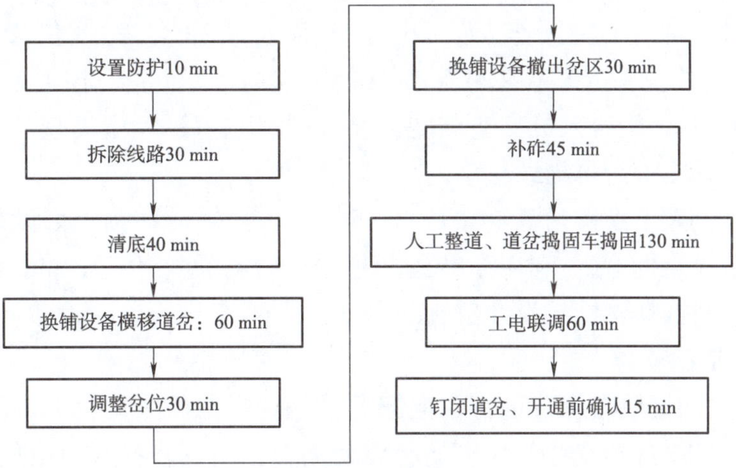

图 5-9　施工流程图

1. 拆除线路

线路封锁连接纵横向导线后，将线路采用气割、锯轨机分解成 3 段，长度分别为 100 m、21.04 m 和 51.455 m，其中 21.04 m 采用人工散拆，另两组轨排采用门式起道机、齿条起道机将拆除的轨排提起，下穿滑轨、滑轮组，将拆除的轨排横向移至邻线，在邻线外移出施工地点进行人工拆除。

2. 清除旧砟

采用 6 台挖掘机进行线路清砟，每台挖机清砟范围平均约为 30 m。施工前挖掘机分别在锯轨点两端集结待命，线路拆除后，挖掘机从两头往中间靠拢，平均间距分布，按照插铺前设置的控制点随时测量扒砟深度，一次清理到位，将清出的道砟放到既有线外侧，人工配合整平，如图 5-10 所示。

图 5-10　清砟整平

3. 道岔横纵移

预铺道岔横移 6 m、纵移 1.5 m 到达设计位置。16 台上位机由 1 名操作人员线下统一遥控操作，上机操作人员 16 名，配合人员 16 名，每次位移量约 0.3～0.5 m。机械组长统一指挥道岔的横移与纵移，现场指挥负责盯控现场设备支腿稳定情况、设备状态，配合人员支垫支腿，确保支垫稳定，过程中发现异常情况及时停止作业，处理完毕后再继续移动。如图 5-11 所示。

组织 60 人人工横移岔后连接段 35.569 m。封锁前在预铺好的轨排下穿滑轨、滑轮。待线路拆除后，利用高行程起道机配合将轨排抬起 5 mm 拆除防溜滑楔木，人工缓慢推动轨排至设计位置。

4. 精调道岔就位

按照道岔前锯轨点位置进行纵向精调就位。根据邻线钢轨上每间距 5 m 标记的控制横距进行横向精调，纵横向精调使用上位机同步操作，保证横向误差不大于 25 mm。

图 5-11　道岔整体横纵移

5. 回填石砟和整道

道岔精确定位后，连接道岔与前后线路，同时换铺机械将道岔抬起至设计标高以下 30 mm，人工配合装载机、挖掘机上砟。小型机械捣固，细部调整由人工使用起拨道机完成。满足换铺机械安全撤出和道岔捣固车进入的要求后，换铺设备自行运转出换铺区域进入站内，道岔捣固车进行起、拨道和捣固，人工利用 20 台齿条起道机配合道岔侧向起道捣固。

6. 工电联调

道岔精调完成后，电务专业进行道岔调试。

7. 确认检查

施工单位负责人会同设备管理单位配合人员进行设备检查，做好记录，确认开通条件。

8. 清理轨料

线路拆除两端设置两个旧料存放点,人工拆除旧轨料,码放在存放点,作业完成后汽运至指定地点。

9. 提速、达速

道岔插铺完成,利用4个天窗点对道岔完成焊接锁定、道岔捣固车捣固至线路恢复常速。

第三节 过程管理措施

一、安全控制

(1)邻近营业线吊装、运送轨料、线下预铺道岔施工,严格按照铁路总公司、铁路局相关规定制定施工方案,提报施工计划,与相关设备管理单位签订施工安全协议,施工单位负责人带班,监理单位监理工程师旁站监理,设备管理单位具备相应技术业务人员现场监控。

(2)制定施工安全专项方案,所有施工人员层层交底、培训,明确施工工序和安全重点,并组织现场演练,熟悉施工要点和安全关键点。

(3)人工推动岔后连接段要控制好方向和行程,同时设专人备好支顶物,以免横移时速度不一致造成轨排掉道。横移过程中,安排3人监视滑轮滑动情况,出现偏行、卡轮等情况时采用高行程起道机配合纠正。

二、质量控制

(1)道岔预铺质量验收。监理单位组织施工和设备管理单位进行静态验收,工务重点检查道岔几何尺寸、扣件安装、岔枕间隔、道岔各部间隙、焊缝质量等项目,电务重点检查转辙设备安装、尖轨和心轨动程、各部间隙和运转试验等。

(2)扒砟深度和机械横纵移距离控制。一是组织施工技术人员测量放线,在邻线钢轨腰部标记扒砟捡底标高、道岔横移距离数据,复测验证,防止枕底清砟厚度不足和误差过大导致道岔进入后连接困难。二是机械一次横移作业量控制在0.3～0.5 m,纵移控制在0.05～0.1 m,确保精准对位。

(3)旧料清理到位,不影响新设备。受施工场地限制,废弃旧料临时存放需提前调查落实存放地点,及时整理和清理到指定地点,避免施工后侵入安全限界和影响排水等。

三、机械运行控制

由于施工涉及机械、车辆较多,且需要在站内进出,组织施工单位和车务段,对机械设备和车辆停放股道、进出施工地点顺序、运行径路和时间，进行详细研究和铺画，逐一明确，画图明示。

第四节　小　　结

在铁路干线上，利用夜间天窗机械插铺大号码道岔施工，能够安全顺利实施，主要做法总结如下：

(1)技术创新是关键。通过对设备改造，实现了两组换铺机械设备同步操纵，同时提起道岔，整体横移纵移，道岔前后走行速度一致，杜绝了道岔扭曲变形，避免形成永久性病害。使用机械插铺施工，工序衔接紧密，施工时间严格控制，最大限度减少运输影响。同时1人遥控操纵机械，32人配合移动机械和支垫，实现了安全可控。使用换铺机械施工，对不能对位预铺需要长距离纵移的道岔插铺施工更有优势。

(2)做好施工组织设计是前提。施工前现场实地细致调查，全面分析影响施工的所有因素和条件，分析施工各个环节，反复推敲和研究，编制施工组织设计方案，制定应急预案；特别是旧砟清除和新石砟回填对进度影响较大，是控制的重点，转辙部分不能全部利用挖掘机回填，现场配足人工补砟。

(3)严把安全质量是核心。机械和轨料伤害是安全的重点，进行详细的安全交底，特别是对结合部的问题确保交底清楚，做到现场分工明确，大型施工机械实施一人一机防护，提前组织演练。针对道岔施工精度高的特点，一是抓好道岔预铺，厂家现场指导，经工务段、电务段验收合格；二是抓好施工前、施工中精确测量和标记，严把每一道流程，特别是清除旧砟、就位精度、回填石砟、粗整和精整环节，达不到标准不能进行下一道工序。

(4)通力协作是保障。一是各施工单位密切配合，做好施工准备，做好过程衔接和配合；二是运输部门积极参与方案编制和研究，确定车辆停放、运行和大要点运输组织，做好施工延点的应急预案；三是工务、电务、供电部门密切配合，做好前期道岔预铺的精整和开通后的整修。

第六章　人工插铺大号码道岔施工组织管理

线侧具备道岔拼装条件，纵向位移量不大的情况下，可以采用人工插铺大号码道岔的施工组织方案。本章结合京广铁路徐水站大号码道岔施工案例，介绍人工插铺大号码道岔的施工组织管理。

第一节　工 程 概 况

既有徐水站为新建津保铁路引入京广铁路接轨站，津保铁路左右线在徐水站内 K109＋566 处，插入 2 组 42 号高速道岔，分别与既有京广线上、下行接轨。在京广下行新插入 3 号道岔（右开，如图 6-1 所示），京广上行新插入 7 号道岔（左开，如图 6-2 所示），插入道岔型号为客专线（07）011 单开 60 kg-42 号。道岔全长 157.2 m，混凝土岔枕 302 根，直向设计通过速度 350 km/h，曲向设计通过速度 160 km/h，道岔自重 247 t。插入道岔需要更换前后过渡轨和过渡枕各 13.1 m，京广下行线拆除旧轨枕 283 根，上行线拆除旧轨枕 334 根。

图 6-1　3 号道岔现场位置图

图 6-2　7 号道岔现场位置图

该站插入道岔施工具有以下特点：

(1)铺设质量标准高。轨距：误差±1 mm，变化率不大于 1/1 500；水平：误差不大于±1 mm；高低：用 10 m 弦量正线不超过 1 mm；方向：用 10 m 弦量误差正线不超过 1 mm；三角坑：三角坑误差正线道岔不超过 1 mm；连接地段：顺坡率不大于 1‰。

(2)铺设一次成功。京广铁路是我国南北铁路运输大动脉，连接首都北京与其他重要城市，客货运输繁忙。插入道岔长而重，施工难度大，如果出现质量和安全问题，直接影响铁路安全运输与效率，必须一次成功，满足质量标准，达到设计要求，同时保证安全。

(3)工程复杂，多专业配合。施工场地狭窄，现场预铺难度大。预铺及插入施工中，工务(含大机)、电务、接触网、运输多专业配合。长大干线，要点施工时间长，运输协调难度大。

第二节　道岔作业方案

一、道岔构件运输方案

重点研究道岔构件现场运输过程中可能出现的扭曲、变形、损毁等情况。

(1)现场存放：因现场不具备卸车条件，3、7 号道岔通过火车运输分别卸在货场和既有 4 道外侧场地。3 号道岔距离预铺位置 200 m，7 号道岔距离预铺位置 900 m。

(2)运输方案:最大构件长度 45.19 m,采用机械拖拉道岔至现场,影响道岔的精度。3 号道岔采用 600 mm 钢管共 9 节,每节 1.5 m 长,制成滚筒,依据各个构件长度和重量均匀铺设,吊车将构件吊至滚筒,人工推运至现场;7 号道岔利用八台小平板车,4 台为一组,利用 4 道工程线,用吊车将构件吊至平板车人工推运至现场。

二、道岔组装方案

根据现场实施条件,研究采用对位拼装方案,重点研究高程和平面的精确定位。

(1)高程定位:根据现场情况,利用 4 道及 3 道延长线作为 7、3 号道岔拼装平台,为控制道岔滑移的稳定性和落位精度,将拼装后道岔底部标高与插入位置高差控制在 200 mm 以内。

(2)平面定位:将设计插入道岔的平面位置引入 3、4 道的延长线对位拼装位置。

(3)拼装前按标准对道岔预铺位置方向、高低、水平严格控制。

三、道岔插入方案

1. 道岔移动方案

采用 17 台卷扬机,作为位移的动力(牵引力),并做走形系统受力检算。道岔及前后轨总重 263.6 t,起道机组个数 68 台,走行轮个数为 68 个。

计算得出:每个走行轮平均受力 4.1 t,单个轮最大受力 8 t;每台卷扬机平均拉力是 1.7 t,卷扬机动力为 2 t,满足要求。

2. 线性控制方案

位移过程中,在走行轨顶面用红油漆每隔 50 cm 标记走行控制基准线,在滑轨上和滑轮间预备木楔子,在滑轨上设置限位器,防止道岔在移动过程中因不同步位移产生线性变化。滑轨铺设要求高度在一个平面上,滑轨垂直于线路,确保道岔在移动过程中的精度要求。

插入时严格控制道岔滑移过程中的高度,防止插入时因落位不同步产生纵移,同时预备长 50 cm、宽 50 cm、厚 10 mm 的钢板 68 块,一旦产生纵移可作为滑轮垫板。

插入后大机捣固,稳定道床,保证道岔几何尺寸、转换良好。

3. 旧料运输方案

上下行同时封闭利用另一侧股道,采用小平车运至指定地点。

4. 施工要点安排

经多次方案论证确定了插入道岔施工工序流程及时间段，施工要点按照540 min组织，如图6-3所示。

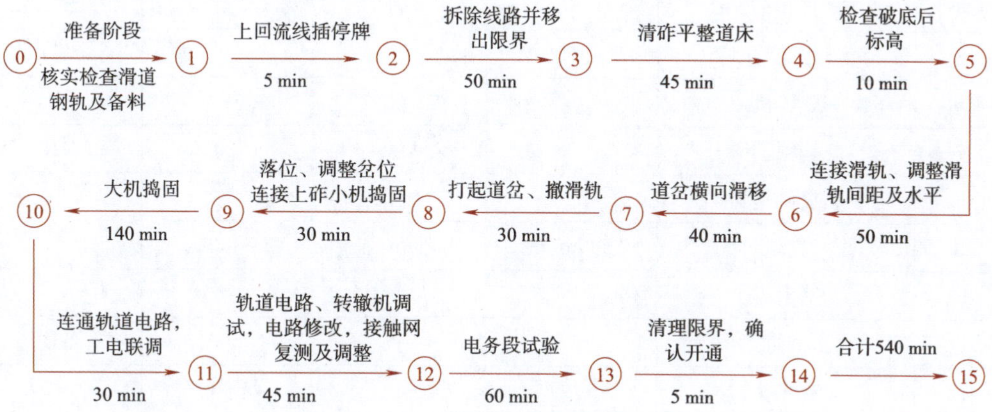

图6-3　施工工序流程图

第三节　施工组织安排

一、施工准备

道岔现场插入施工时，明确职责，分工负责，具体设立以下小组：

(1)施工现场指挥组：负责施工现场统一组织指挥，下达命令。

(2)安全管控组：落实安全控制措施，全过程盯控施工安全。

(3)技术协调组：制定施工方案并组织实施，组织现场技术交底及安排工作计划。

(4)培训宣传组：对参加施工操作人员进行培训。

(5)道岔预铺组：负责预铺道岔，道岔的纵横移入位。

(6)综合机修组：制作、修理施工用的小型工机具。

(7)物资供应组：负责施工所需物资、机具的采购供应、运输，施工机具配备。

(8)后勤保障组：负责施工人员的后勤保障工作。

施工机具配备见表6-1。

表6-1　施工机具配备表

序号	设备名称	规　格	单　位	数　量	备　注
1	汽车吊	50 t	台	2	
2	装载机	ZL50	台	4	
3	小型挖掘机		台	4	

续上表

序号	设备名称	规　格	单　位	数　量	备　注
4	自卸车		辆	4	
5	海洋王泛光灯	双头 500 W	组	5	自带发电机
6	螺栓机		台	6	
7	钩锁器		套	20	
8	轨缝调整器		台	3	
9	钢轨	50 kg/m	m	400	
10	双滑轮		个	76	
11	头灯		个	500	备用
12	枕木头		个	4 000	
13	齿条起道机		台	100	
14	液压起拨道器		台	40	
15	电动板手		台	10	
16	小型捣固机		台	100	
17	锯钻眼机		套	3	
18	夹板	50 kg	对	37	
19	氧气乙炔		套	10	
20	平直夹板	60 kg	对	8	
21	卷扬机		组	19	备用 2 组
22	拉轨器		台	2	
23	发电机		台	3	

二、道岔预铺施工

1. 道岔构件现场运输

道岔轨枕倒运采用汽车运输，运输至现场后用吊车卸车，人工配合进行摆放。根据现场调查情况 3 号道岔轨件利用滑轨横移 200 m 至预铺地点；7 号道岔轨件利用平板小车在新铺 4 道纵移 900 m 至预铺地点，在运输时道岔岔前朝向广州端。每次倒运不得多于 2 件，各构件用木质垫块垫实垫平，垫块应按高度方向垂直设置。

2. 测量放线，精确定位

对插入道岔位置及预铺线位进行精确测量放样，并组织复核。3 号道岔在 3 道延长线上对位预铺：岔前坐标(109＋627，7.8)，岔心坐标(109＋566，7.8)，岔后坐标(109＋470,7.8);7号道岔在4道延长线上对位预铺:岔前坐标(109＋627,－5.3),岔心坐标(109＋566,－5.3),岔后坐标(109＋470,－5.3)。

3. 布枕

在预铺段线路上标出轨枕的中心位置,按照道岔铺设图中间距散布岔枕。岔枕摆放完毕后,对各个岔枕位置进行微调,横向严格按照放线点位布设;纵向按照中线位置,将直股段拉线对齐,岔枕共计302根。

4. 预铺

按照铺设图纸组装道岔,安放铁垫板,分布M30螺栓,螺栓涂专用油脂后进行安装。按铺设图纸预留轨缝,保证各部位尺寸正确。对尖轨部分安设保护装置,防止尖轨损伤。各部件安放合适后安装钢轨扣件,扣压力满足铺设图要求,确保滑床板平直,尖轨与基本轨密贴,基本轨落槽,预铺完成的道岔如图6-4所示。

图6-4　预铺完成的道岔图

5. 焊联锁定

道岔预铺组利用电子道尺、支距尺测量各部位尺寸并进行调整,道岔内轨距及支距允许偏差控制在±1 mm范围内,轨距变化率不大于1/1 500。道岔调试完成后,实测轨温在28 ℃±3 ℃时进行焊联锁定。

6. 联调验收

安装道岔转辙装置,工务与电务进行道岔联调。

三、横移演练

保证正式插入施工顺利,利用垂停封锁120 min对道岔横移装置进行安全性测试,并对人员劳力组织进行模拟演练。

1. 横移装置安装

(1)设置走行轨

道岔横移共设 50 kg/5 m 走行轨 34 道,走行轨按等压力不等间距布置,如图 6-5 所示。

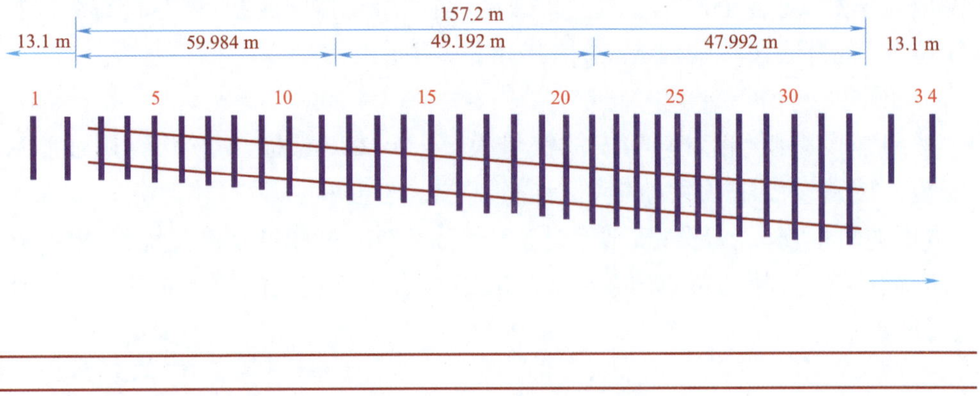

图 6-5　走行轨安装图

用水准仪、钢卷尺测量并计算设置走行轨、走行轮、起道机、卷扬机的准确位置,标注在预铺道岔基本轨上。以邻线钢轨为基准,道岔前后 25 m 范围内每 2 m 设置 1 个点,利用全站仪测量放出新进道岔的就位标高、线间距位置,标注在相邻正线钢轨轨腰上。

根据道岔重力分布在计算合理点位安装 34 组起道机。

道岔横移组利用起道机将道岔整体抬起,每隔 5 m 在道岔下方、走行轨设置线上搭设一层枕木垛,满足道岔横移所需高度。

(2)安装走行系统

在枕木垛上放置走行轨。在道岔与走行轨间布置走行轮,并用止轮器在走行轮两端限位,在计算点位设置卷扬机。

第一节走行轨:按“井”字形双层布设枕木墩;用水准仪测量走行轨布设点位的标高,用 5～50 mm 木板调整走行轨的水平高度;按点位布设走行轨、走行轮。

第二节走行轨:封闭点内按照 2 m 间距设置木墩,木墩基础夯实找平,连接第二根走行轨。走行轨预先标注好每 1 m 的控制点位,在走行到位后的走行轮位置设置限位器进行卡位。

固定防溜:在走行轮与道岔间放置枕木墩增加摩擦力,走行轮利用止轮器制动。

(3)牵引系统安装

道岔横移组按设计位置布设 17 台卷扬机,拉锚在 3、4 道钢轨上设置,与道岔滑移走行方向一致,上跨既有线钢丝绳采取绝缘措施。

2. 道岔横移演练

演练的主要目的是：①检查人员配备情况；②测试走行系统受力情况；③测试走行轨、走行轮设置情况；④检查照明布置是否合理；⑤作业时间节点控制是否符合要点时间安排。

演练准备包括：①道岔拉动试验前拆除护网等影响道岔横移的障碍物；②人员配备：设总指挥1人，在道岔前部、中部、尾部设3个负责人，指挥400名作业人员进行横移演练；③照明布置：在3号道岔范围内按灯距间隔10 m前后双侧布置固定照明。

演练流程为：搭设枕木垛→安装、连接走行轨→牵引、横移→道岔下落→护网恢复→清理现场→演练复位。

四、插入道岔施工

1. 施工准备

(1)道碴准备。每组道岔备砟150 m^3，采用编织袋装袋，堆放在预铺道岔外侧，顺线路堆码整齐。

(2)基底处理。对两线间影响道岔范围内路基换填加固，迁移新道岔铺设范围线下电缆设施。

(3)场地整平。3、4道为道岔预铺线路。扩宽现场道岔平面(岔前宽度3 m，岔后宽度5.5 m，成扇形平台)，在道岔预铺前对3、4道与上下行正线道档内补充石砟、平整，平整度小于10 mm。

(4)标注划量。利用天窗点完成3、7号道岔测量标注工作。既有线标注包括：标注钢轨、移出旧轨枕和钢轨切轨点位置，测量线间距并标注，新道岔位置(限位桩)，挖槽深度桩、宽度桩，新道岔与京广上行线(下行线)高差测量、标注。岔位在3、4道外侧设固定桩，施工中利用经纬仪串直线定位，人工拉悬线辅助测量。新道岔标准包括：齿条压机位置，走行轨位置，纵移轮位置，卷扬机位置，各施工小组工作量。

(5)护网防护。施工地段京广下行与3道间护网拆除后，纵向护网改为横向与围墙连接，利用围墙形成封闭；京广上行与4道间护网拆除后，同样横向利用围墙形成封闭。

(6)照明设置。施工前，在铺设施工范围内布置照明。施工时，在旧轨枕存放位置设置移动照明。本线及临线封锁时在锯轨点、控制桩等重点位置增加移动照明，满足施工现场照明需要。

2. 道岔插入施工过程

3号道岔前有13.1 m钢轨焊接，用5根拉杆控制轨条。岔后13.1 m连接轨直股有 20 根岔枕带入，曲股 20 根岔枕散入。人员配备(共计 754 人)见表 6-2。

表 6-2　人员配备表

序号	岗位名称	主要工作内容	人　数
1	现场负责人	负责道岔插入施工整体施工组织	1
2	技术协调组	负责既有线插入道岔的技术支持	15
3	安全组	负责既有线插入道岔的安全巡查与防护	8
4	物资供应组	负责插入道岔期间施工材料的采购运输供应	6
5	施工指挥组	负责施工质量过程控制	6
6	综合机修组	负责照明设置、锯轨打孔、道岔纵横移精调	30
7	道岔预铺组	负责施工前准备工作、道岔预铺及纵横移	180
8	宣传教育组	负责施工专业教育事业培训、施工过程写实、录像	8
9	后勤保障组	负责道岔施工期间人员后勤保障工作	10
10	施工小组	负责既有线道岔插入期间一切作业	440
11	备　用	应急队伍	50
12	合　计		754

(1)封锁线路

施工前 2 h 驻站防护员在车站登记要点，负责与现场联络和施工命令的传达。施工现场总指挥接到驻站员封锁命令后，安排专人设置停车牌，连接钢轨回流线，封锁线路，统一指挥各施工小组上道作业，如图 6-6 所示。

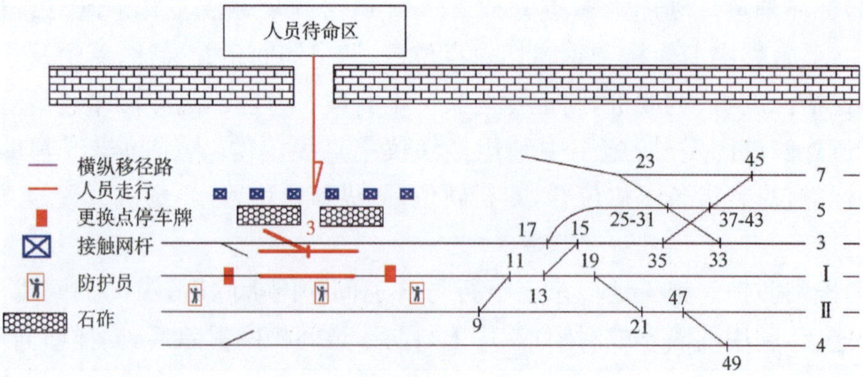

图 6-6　作业人员布置图

(2)旧料清除

按既定钢轨尺寸线上(岔前、岔后)切轨，道岔前后各安设两套拉伸器备用。拆除线路扣件，利用氧气乙炔将既有钢轨分割成 7 段，将钢轨人工拨至京广上行线，用吊轨车推运至插铺道岔外指定位置。

把 283 根移出旧轨枕抬到京广上行线 57 台统一编号的平车上，推运出道岔施工范围以外。把卸下的零配件装袋，按要求运至指定地点统一码放。

(3)清挖道床

①清理平整道床：利用铁叉、拉叉清理平整道床，道床面低于设计岔枕底 30 mm，宽度清理至插入后岔枕枕木头外侧 500 mm，按提前钉好的深度桩、宽度桩控制。

②设置道岔横移示意线：清理道床达标后按 2 m 一点测出的线间距撒白灰线标示。

③测量检查标高：用水准仪及盒尺检查清理道床的深度、宽度，误差控制在 20 mm 范围内。

(4)搭设横移装置

①搭设枕木垛：枕木垛设置为井字形双层码放，枕木垛间距小于 2 m，高度采用木板微调，枕木长度为 50 cm，长边垂直于走行轨放置。

②安装走行轨：在每道走行轨上放置 2 个滑轮，滑轮上垫枕木墩。限位器位置依据技术交底设置，在走行轨顶面用红油漆每隔 1 m 标记走行控制基准线，具备走行条件。

③布置卷扬机：采用卷扬机及人工相结合的方式，按计算点位设置 17 台卷扬机拉动，走行轨配备 180 人辅助推动，横移时分成 7 个小组，各组设组长一人，听从现场负责人统一指挥。

④牵引横移：利用卷扬机进行道岔横移，同步操作，控制横移速度 3 m/min，每横移 0.5 m，按预先标定位置用止轮器卡控横移进度，测量、调整道岔线形保持平直，撤止轮器再统一指挥进行下一次走行进程，循环推进，直至道岔横移至固定限位器(设计位置)停止。

(5)道岔落位

道岔横移就位后，统一指挥顶起道岔，垫安全墩，道岔下落在安全墩上，取出走行轨。若产生纵向误差，在走行轨后一根岔枕下将走行轮倒向放置，走行轮上安放鱼尾板，利用钢轨拉伸器两股钢轨一起拉伸，作业人员站在新道岔岔枕间隔里利用撬棍纵向调整到位，确保道岔线形、几何尺寸达到标准。复核线间距、两侧线路高差，并对道岔平面几何尺寸进行调整到位。岔后直股 20 根短岔枕一同进入，曲股 20 根短岔枕抬入平整好的道床上，用方尺进行拉方，上好扣件。

(6)捣固整修

确认道岔位置符合要求后，连接前后接头，进行小机捣固。达到大机准入条件后，大机进入进行道岔捣固作业。道岔直股由大机进行捣固，配合小机捣固道岔曲股。作业中严格控制捣固位置及次数，使岔内各部位做到均匀、等强。

(7)电务调试

道岔连接线路捣固整修完成后,电务调试道岔。

(8)联合验收

施工过程中及时清理现场,作业完毕后工机具清点整理,确保无侵限。同时按照道岔验收标准进行验收,发现问题及时整改。

(9)确认开通

线路整修达到开通条件由相关单位确认,申请消点开通线路。点后设置慢行牌,第一列慢行列车以 45 km/h 的速度开行,按照规定逐级提速至运营速度。

第四节 小　　结

人工插铺 42 号大号码道岔,需要经过详细的方案论证、统一组织、有效控制,才能保证道岔精度和质量,确保一次开通成功。

(1)统一组织是前提。在施工过程进行统一组织指挥,协调各专业、各工序、各环节的配合和同步、流水施工。

(2)重视方案论证和优化工作。方案论证就是在施工现场调查的基础上,将施工与现场有机结合,尤其是对现场长大构件运输、对位拼装位置、横移方案、精度控制等关键步骤进行充分论证,对部分方案进行优化,提前预想问题,研究解决方案。

(3)提前演练进行系统验证。通过道岔横移演练检验道岔插入方案的可实施性,检查作业人员配备及熟练施工情况;验证走行系统受力状况、走行轨(轮)设置合理性、照明布置适用性、关键工序时间节点,为插入道岔大点顺利施工做必要的准备。

(4)道岔精确定位、精细施工是关键。大号码道岔插入运营线路必须一次成功,对位拼装精度控制、插入道岔的精确对位、横移道岔统一组织、精细施工,是确保道岔插入精度的关键。

(5)大机清筛、道岔捣固是保证。插入前的既有线路大机清筛、插入后的大机捣固,是插入道岔质量的必要保证。道岔落位前的大机道床清筛,为插入过程中道岔精确落位提供了前提条件,保证了必要的施工时间;道岔落位后的道岔大机捣固,保证了线路的稳定与道岔的转换良好,提高了工电联调质量,保证了运营安全与运输秩序。

第七章　复杂站改方案研究及施工组织管理

随着铁路网的逐步完善，新建项目引入枢纽工程不断增加，进而引起既有车站改造工程不断增多。站改工程往往涉及专业接口多，对运输干扰大，设计和施工方案复杂，且部分站改工程周期长，尤其是大型枢纽改造及复杂站改工程需要各相关单位通力协作，积极配合才能完成。如重庆枢纽引入包括渝利、渝万、兰渝、成渝、渝涪、渝黔等6个建设项目，枢纽内既有线改造多、各项目之间相互交叉制约，加之征拆滞后，枢纽改造8年左右才能完成；再如广元站改造工程，因运输和建设矛盾突出，经各单位多次研究，为实现提升长期运输能力，选择建设期间运输过渡、封闭站场实施改造的方案，最终完成了站改。本章结合太原北站改造工程案例，介绍大型复杂站改工程的方案研究及施工组织管理。

第一节　工 程 概 况

一、太原枢纽简介

太原枢纽位于山西省中部的太原市、晋中市，衔接南北同蒲、石太、太焦、太中银等四条铁路干线和西山、太岚、上兰村三条支线；石太客专从枢纽北端引入与太原东站接轨，经太原站到达太原南站；大西客专自枢纽北端引入与太原东站接轨，经太原站、太原南站向南引出（大西客专太原站以南段已开通运营，太原站以北段在建）。太原枢纽由榆次、太原南、太原、太原东、太原北等9个车站组成，其中：太原南站为枢纽内高铁站，太原站为枢纽内主要客运站；太原北站为枢纽内主要编组站，榆次站为辅助编组站，两编组站均按单向二级四场型布置。

在建太原西南环线自汾河站接轨，经三给、太原西、晋源、西草寨、北格站与太中银线北六堡站接轨，共7个车站，全长53.6 km。西南环线建成后，与榆次、太原南、太原、太原站、太原北站形成环形，太原枢纽内货物列车将分流至西南环线，太原北—榆次间主要承担旅客列车运行，届时将充分发挥太原枢纽的效率，彻底解决太原北—榆次站之间的运输瓶颈问题。太原铁路枢纽平面示意图如图7-1所示。

西南环汾太疏解线、大西客专自太原枢纽北端引入太原北站后，占用太北Ⅰ场、Ⅱ场三条既有线及Ⅲ场一条牵出线位，从而引起太原北站Ⅰ、Ⅱ、Ⅲ场设备改造。

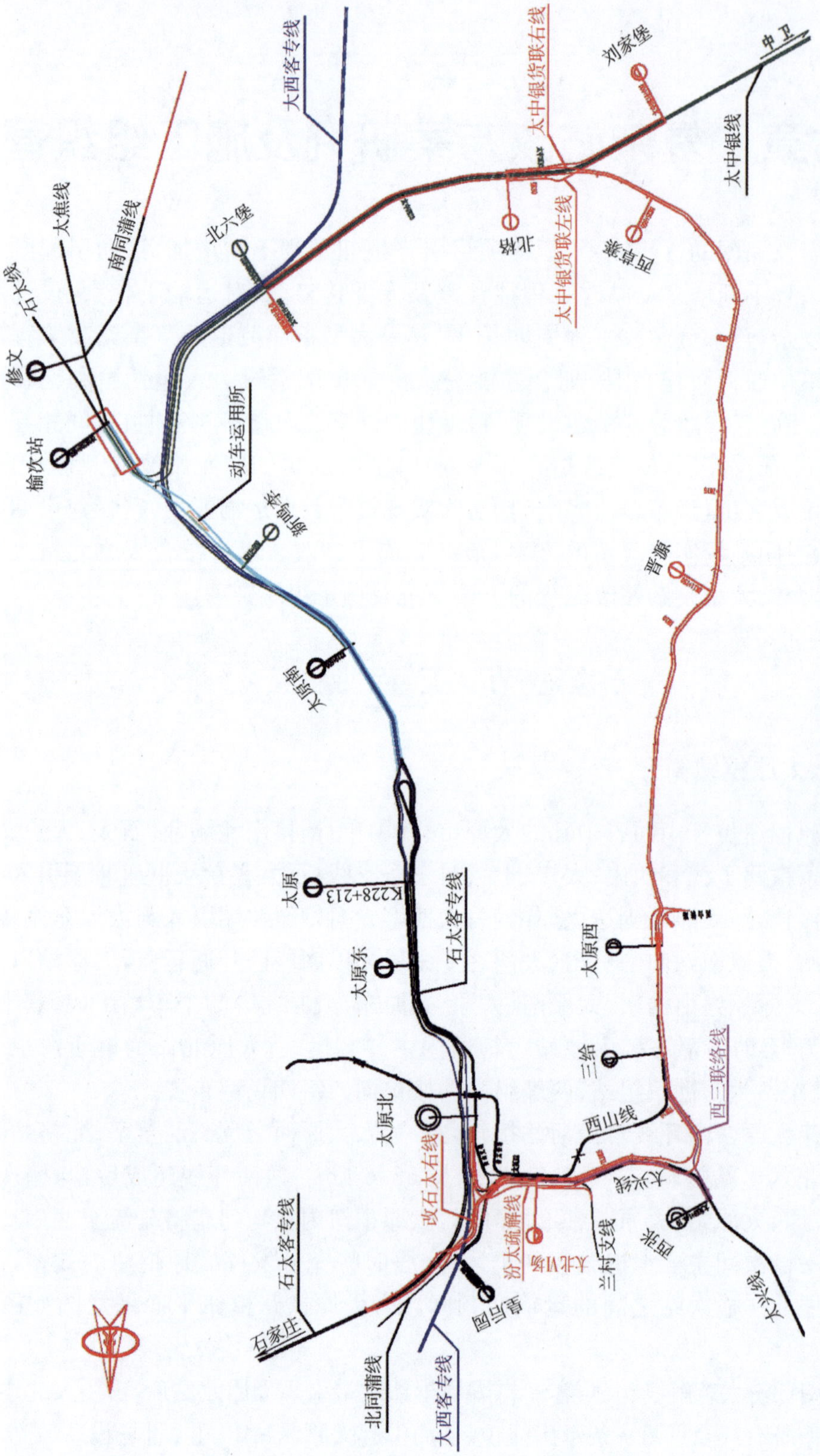

图 7-1 太原铁路枢纽平面示意图

二、太原北站站改前状况及站改后设备变化情况

1. 太原北站站改前状况

太原北站位于太原市北端，南接石太线太原东站，北连北同蒲线皇后园站，西接太兴线西张站和西山支线三给站，是石太铁路的终点站，也是西山、太兴、上兰村支线的起点站。太原北站日到发列车99对，解编列车38列，全站设有六个车场，其中：Ⅰ场为峰前到达场和直通场；Ⅱ场为石太上行到发场；Ⅲ场为编组场；Ⅳ场为石太下行到发场；Ⅴ场为直通太钢的交接场；Ⅵ场（汾河站）为太兴、西山支线、上兰村支线使用的直通场。

太原北站平面示意图如图7-2所示。

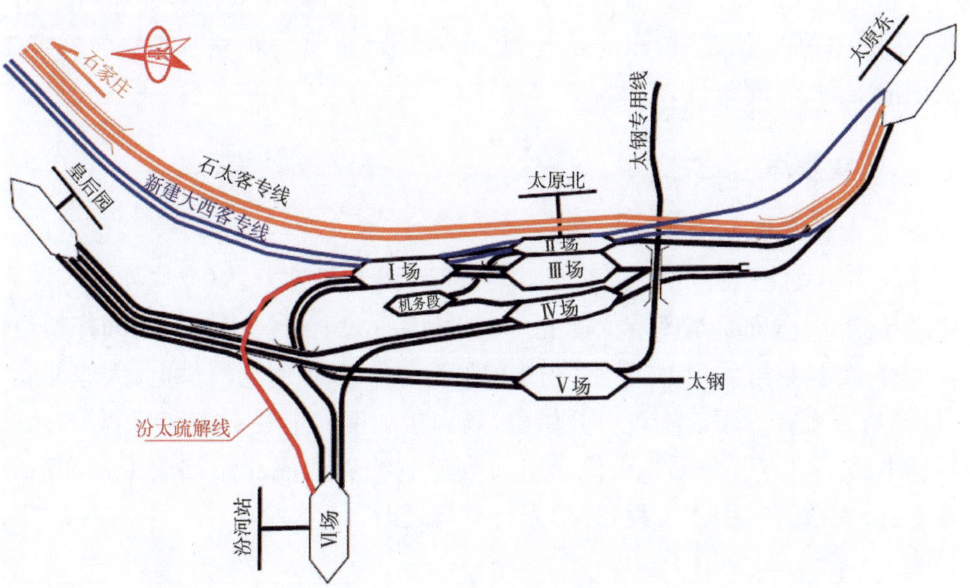

图7-2　太原北站平面示意图

2. 太原北站改造后设备变化情况

Ⅰ场改造后股道由16条减少为13条，直通场取消；Ⅱ场改造后股道由6条减少为5条（既有1、2、3道取消，Ⅲ场1、2道升级改造为Ⅱ场到发线）；Ⅲ场股道由23条减为21条，牵出线由2条减为1条；太原北客站在Ⅰ、Ⅱ、Ⅲ场改造后停止办理客运业务。

3. 站改主要工程数量

（1）站前工程：路基土石方15.2万m^3；涵洞30横延米/2座；新铺道岔41组，新铺线路9.9 km，铺砟3.3万m^3，拆除道岔55组，拆除线路14.38 km。

（2）接触网工程：组立混凝土支柱386根、钢柱362根，承导架设64.47条公里，安装软横跨124组、硬横梁19组。

(3)信号工程：敷设信号电缆 175 km，更换道岔装置等 30 组，信号机安装 149 架，室内信号联锁设备安装 3 站。

(4)房建工程：还建行车生产房屋 232 m^2，信号楼装修 300 m^2。

(5)其他工程：三场电务风管路改造 210 m；二场车辆试风管路迁改 100 m、脱轨器改造 8 台；三场停车器控制室改迁 1 站；投光灯塔改迁 4 处。

第二节　工程特点与难点

一、工程特点

太原北站改造特点是“前后兼顾”，站改结束之日即是大西客专、西南环汾太疏解线引入工程开始之时，因此站改施工必须做到“前后兼顾”，考虑为后续工程施工创造空间、时间条件。

二、工程难点

1. 石太客专供电线迁改

2008 年 4 月石太客专开通时，供电线路因场地条件差、路径选择难等因素没有实现单独立杆，而是与既有太原北Ⅰ、Ⅱ场内石太上行线接触网线同杆架设(图 7-3)，且石太客专与太北Ⅰ、Ⅱ、Ⅲ场接触网为同一牵引变电所供电，太原北站Ⅰ、Ⅱ、Ⅲ场与石太客专不能实现分开供电，场内接触网停电受石太客专制约，站改接触网停电施工给点非常困难。该供电线直接制约着太原北站站改工程和后续大西客专、汾太疏解线引入工程，必须先行进行迁改。

图 7-3　石太客专与太北二场接触网线同杆架设图

2. 新店街公路桥改造

既有新店街公路桥上跨Ⅰ场北咽喉岔区，设计Ⅰ场北咽喉整体向西侧移动15 m，场内股道向北延伸，站改前必须先扩孔建新桥再拆除旧桥，从而为延伸股道腾出线位。

(1)既有公路桥下设备复杂、接触网密集(图7-4)，拆除旧桥施工难度大，安全风险高。

图7-4　新店街公路桥与Ⅰ场北咽喉岔区位置图

(2)设计新公路桥2号墩位于既有机待线与Ⅰ-Ⅴ场联络线之间，墩身侵入既有线限界，封锁线路施工对运输影响大，施工给点难。

3. 行车组织及要点难

(1)太原北站改造后站型收缩、运能减弱，施工对运输影响大，行车组织难度高。

(2)太原北站编组场既有接触网供电设备不能分场停电，施工要点难。

(3)石太上行线及太原北编组场内图定垂直天窗少、天窗时间短(每周一次，一次仅90 min)，现场施工综合作业效率低。

4. 场地狭窄，安全风险高

(1)施工场地异常狭窄，无汽车运输通道，道岔预铺、轨料堆放以及新旧料倒运都十分困难，施工难度大。

(2)现场施工人员多，专业间配合协调要求高，施工管理难度大。

(3)编组场内调车、推峰作业频繁，两线间施工人身安全隐患大。

(4)编组场内地面设备复杂、地下管线多、空中接触网线密集，邻近营业线施工安全风险高。

5.电路、信号复杂，施工隐患大

站改电务施工牵涉到太原东站、皇后园站、太北Ⅰ～Ⅵ场、太原机务段线等9个场的信号联锁和场间联系电路调试(图7-5)，且个别场信号制式不匹配，施工难度大、技术要求高；信号电缆采用明铺施工进行过渡，安全隐患大、风险高。

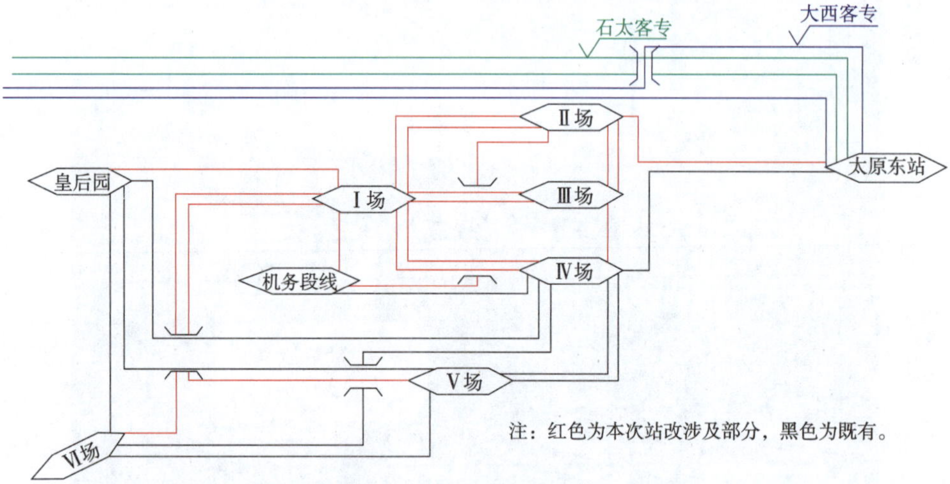

图7-5　太原北站电务场间联系示意图

第三节　施工技术方案研究

一、广泛调研，摸清底数

施工前，建设单位组织参建单位踏勘现场，铁路局主管领导带领相关业务处室、设备管理单位以及参建单位现场多次调研，准确掌握现场情况，摸清工程底数。每次调研前，测量技术员准确放线打桩，并在边线处撒上白灰水，以便调研人员和工程技术人员看图纸、对桩线、提方案。

二、无人机航拍勘察

为参建单位、设备管理单位、铁路局有关处室人员和各级领导对站改工程有一个全面、直观、立体的认识，对站改和后续大西客专及汾太疏解线施工关系有所了解，利用无人机航拍勘察施工现场(图7-6)，并成立多媒体工作小组，编辑制作站场航拍短片，在片中标注工程相关情况和施工要点，为制定和优化施工方案起到了很好的作用。

图 7-6　利用无人机航拍勘察

三、三维动画解析施工

多媒体工作小组根据施工设计图和现场实测资料，运用计算机应用技术制作站改后续工程大西客专太钢特大桥施工的三维动画片（图 7-7），片中揭示了大西客专工程与石太客专、石太上行线的立体关系，演示了控制工程和难点工程的主要施工步骤。

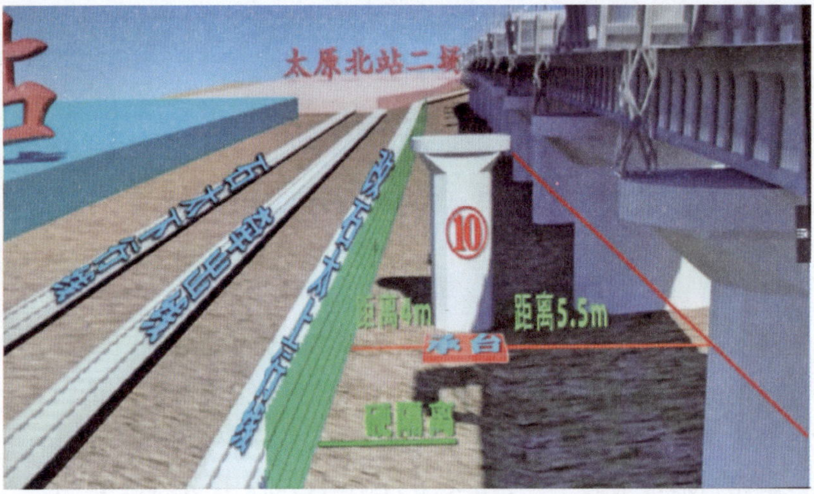

图 7-7　太钢特大桥施工三维动画示意图

四、多媒体展示施工管理

通过在 PDF 文件分阶段、分步骤施工平面示意图上设置链接按钮，方便、快捷、全方位的显示施工项目、内容、安排等，使施工管理、方案审查、设备管理人员及各级领导对施工阶段、施工工期、施工步骤及每一步线路设备变化情况等有一个全面、明晰的直观认识，既有利于施工方案的审查，又有利于施工过程的管理，使施工组织管理形象化、课件化。该 PDF 演示文件包括以下内容：

太原北站Ⅰ、Ⅱ、Ⅲ场改造示意图(工程概况、既有设备状况、施工进展情况及现场有关图片)，分阶段施工平面示意图(分阶段施工项目和施工时间，太原北站Ⅰ、Ⅱ、Ⅲ场接触网改造示意图如图 7-8 所示(见书后插页)，分步骤施工内容，施工时间和完成工作量，封锁施工前、后线路平面示意图)，两次开通施工示意图(各工作面示意图如图 7-9 所示(见书后插页)，封锁时间、施工地点、施工内容及工作量)，开通后接触网拆除工程示意图，站场改造后总平面及大西客专施工示意图，航拍视频片、三维动画片音像文件，改造后太北枢纽 LKJ 总图，设计方案优化图，还建生产房屋图，改造后大西客专工程施工难点和太原北地区多方向列车径路线路平面示意图(改造前、后)。利用多媒体平台进行施工组织演示和研究，探索出一条既有线施组管理的新路子。

五、施工阶段划分

太原北站Ⅰ、Ⅱ、Ⅲ场改造共分为四个阶段：

第一阶段：改石太上行线占用既有线部分升级改造及大西右线太钢特大桥 5～9 号门式墩右侧墩柱施工。

(1)太北Ⅰ场(11)道线路升级改造：2015 年 7 月 16 日～2015 年 11 月 25 日。

(2)大西右线太钢特大桥 5～9 号门式墩右侧墩柱施工：2015 年 7 月 16 日～2015 年 9 月 15 日。

(3)Ⅱ场 4 道线路升级：2015 年 10 月 8 日～12 月 25 日。

(4)牵 1 线线路升级改造：2015 年 10 月 20 日～12 月 25 日。

第二阶段：Ⅲ场 1、2 道线路升级改造及Ⅲ场峰上新微联、新东迂回线开通。

(1)Ⅲ场 1、2 道线路改造为新Ⅱ场 4、5 道：2015 年 9 月 28 日～10 月 3 日。

(2)Ⅲ场电务风管路改移和停车器室搬迁：2015 年 10 月 25 日。

(3)Ⅲ场峰上新微联、新东迂回线开通：2015 年 11 月 15 日。

(4)接触网过渡改造施工：2015 年 7 月 16 日～11 月 22 日。

第三阶段：Ⅱ场及Ⅲ场尾部微联开通：2015 年 11 月 22 日～11 月 25 日。

第四阶段：太北Ⅰ场改造开通：2015 年 12 月 3 日～12 月 7 日。

第四节　优化设计和施工方案

通过现场勘查、集思广益，依法合规履行变更设计手续，先后优化施工设计方案10项。

一、优化石太客专供电线迁改方案

原设计：石太客专供电线位于石太上行线东侧，与太原北站Ⅰ、Ⅱ场接触网软横跨钢柱同杆(图7-10)，在站改后进行迁改。接触网施工要点时太原北站Ⅰ、Ⅱ、Ⅲ场需与石太客专同时停电，且旧杆柱影响新接触网钢柱组立和网上施工，严重制约太原北站改造及后续的大西客专工程施工。

图7-10　石太客专与太原北站二场接触网改造前位置图

优化设计：将石太客专供电线改移至太北Ⅰ、Ⅲ场线路外侧(图7-11)，太原北Ⅰ、Ⅱ、Ⅲ场接触网与石太客专供电线实现分开停电，同时及时拆除供电线旧杆柱，为下一步站改施工创造时间和空间条件。

二、优化新店街公路桥孔跨及结构设计

既有桥上跨太原北站Ⅰ场北咽喉的石太上行线、太岚线、Ⅰ-Ⅴ场联络线和机待线等四条既有线，桥下铁路设备复杂，道岔密集、接触网支柱林立、承力索及导线交叉密织。

原设计：采用两幅(25＋30＋25)m混凝土箱梁，新桥中墩位于Ⅰ-Ⅴ场联络线及机待线之间(图7-12)，两线线间距为5 m，施工时需封闭Ⅰ-Ⅴ场联络线及机待线，上跨铁路的混凝土梁需利用封锁点采用汽车吊架设。

图 7-11　石太客专与太原北站二场接触网改造后位置图

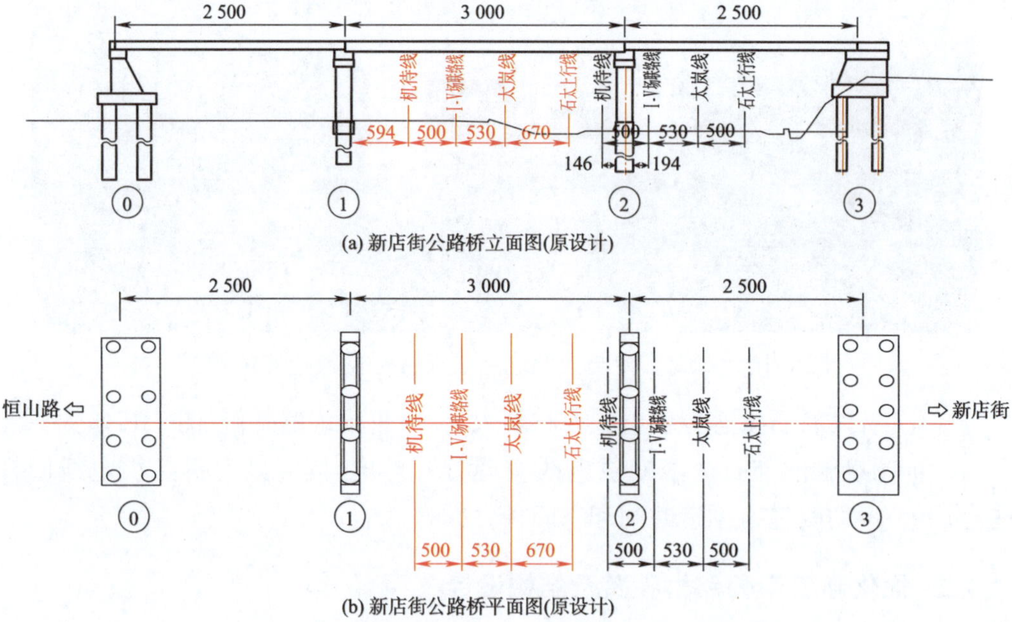

图 7-12　新店街公路桥优化前孔跨设置(单位:cm)

优化设计:将左幅桥由三孔变为二孔,梁跨组合为:50.6 m 槽型钢梁+25 m 混凝土箱梁,取消原设计 2 号墩(图 7-13),上跨铁路部分为钢梁,点外制作点内顶推就位,右幅桥维持原设计。优化设计后,减少了施工要点,降低了施工安全风险。

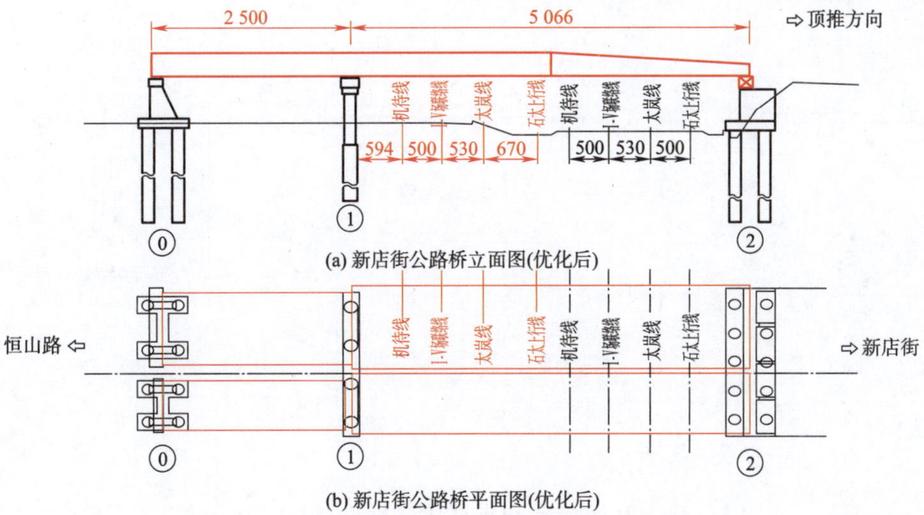

图 7-13　新店街公路桥优化后孔跨设置(单位:cm)

三、优化Ⅱ场4道升级为石太上行线后接触网设计

原设计:Ⅱ场4道升级为石太上行线后,接触网软横跨支柱设置在石太上行线与大西太钢特大桥之间,如图 7-14 所示。

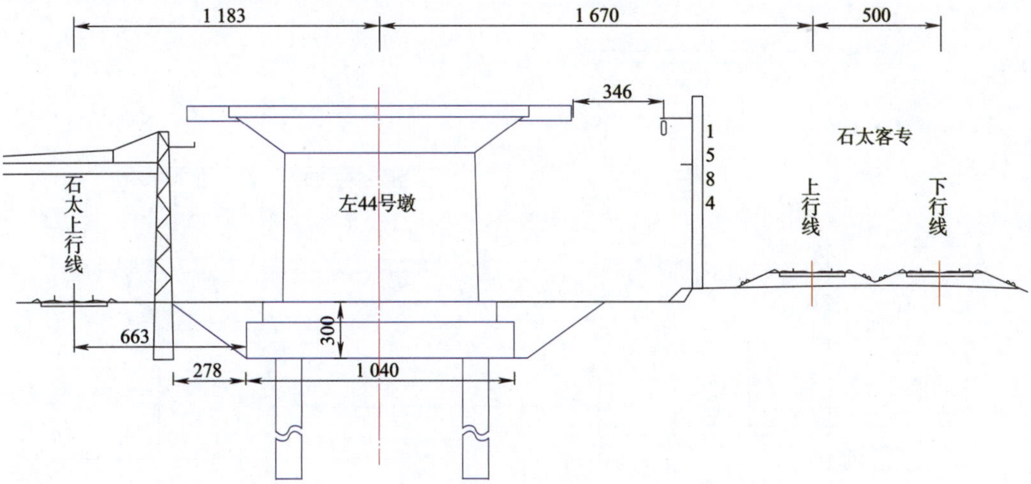

图 7-14　Ⅱ场接触网支柱优化前设计(单位:cm)

优化设计:将Ⅱ场接触网软横跨改为硬横梁,将宽度 120 cm 的格构式钢柱改为宽度 26 cm 的 H 型钢支柱,钢支柱设在石太上行线与Ⅱ场 2 道之间,使石太上行线接触网设备距大西太钢特大桥承台边沿最近距离由 2.78 m 加大到 6.14 m,为后续大西客专工程施工创造安全空间条件。如图 7-15 所示。

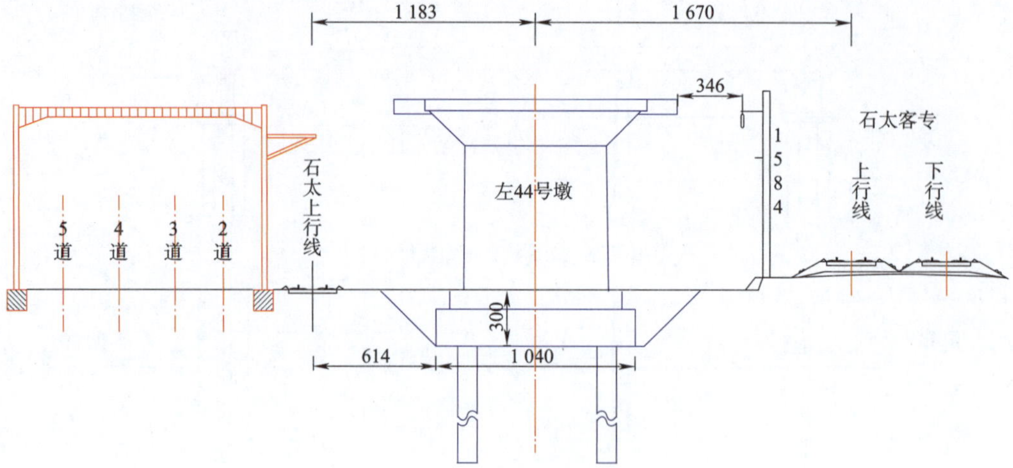

图 7-15　Ⅱ场接触网支柱优化后设计(单位:cm)

四、优化牵 1 线升级为石太上行线后接触网支柱设计

原设计:牵 1 线升级为石太上行线后接触网混凝土支柱设在石太上行线与大西右线太钢特大桥之间,如图 7-16 所示。

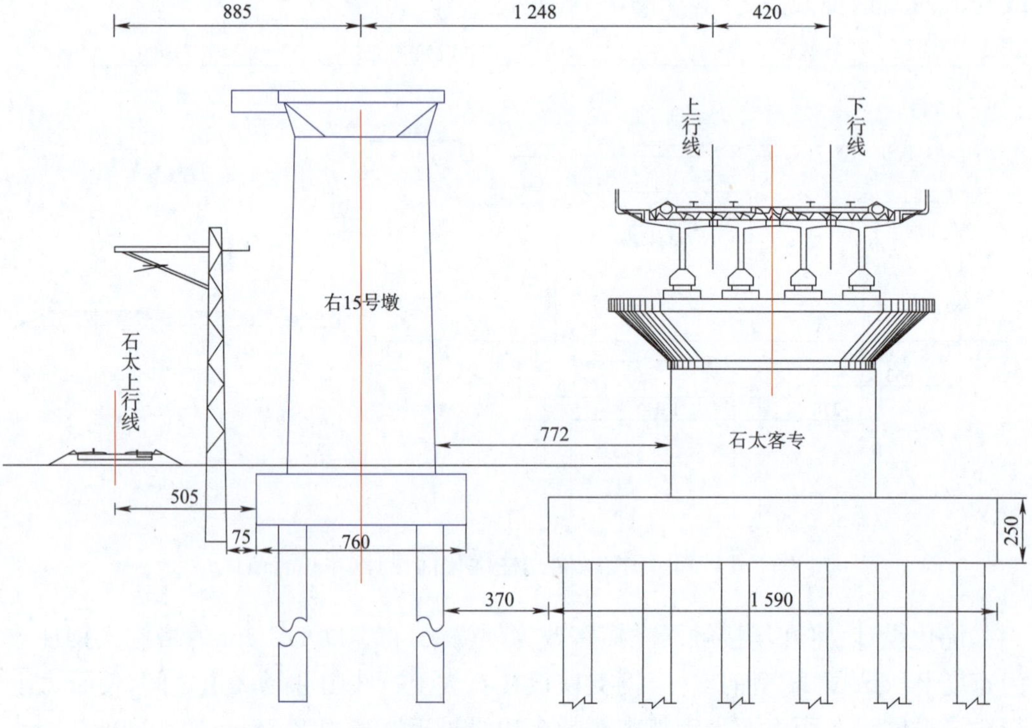

图 7-16　牵 1 线接触网支柱优化前设计(单位:cm)

优化设计:将改石太上行线接触网支柱设在远离大西右线太钢特大桥线路一侧,并将宽度 70 cm 的混凝土支柱改为宽度 26 cm 的 H 型钢柱(图 7-17),通过优化设计,石太上行线接触网设备距大西右线太钢特大桥承台边沿最近距离由 0.75 m 加大到 4.9 m,为后续工程大西客专右线太钢特大桥施工创造安全空间条件。

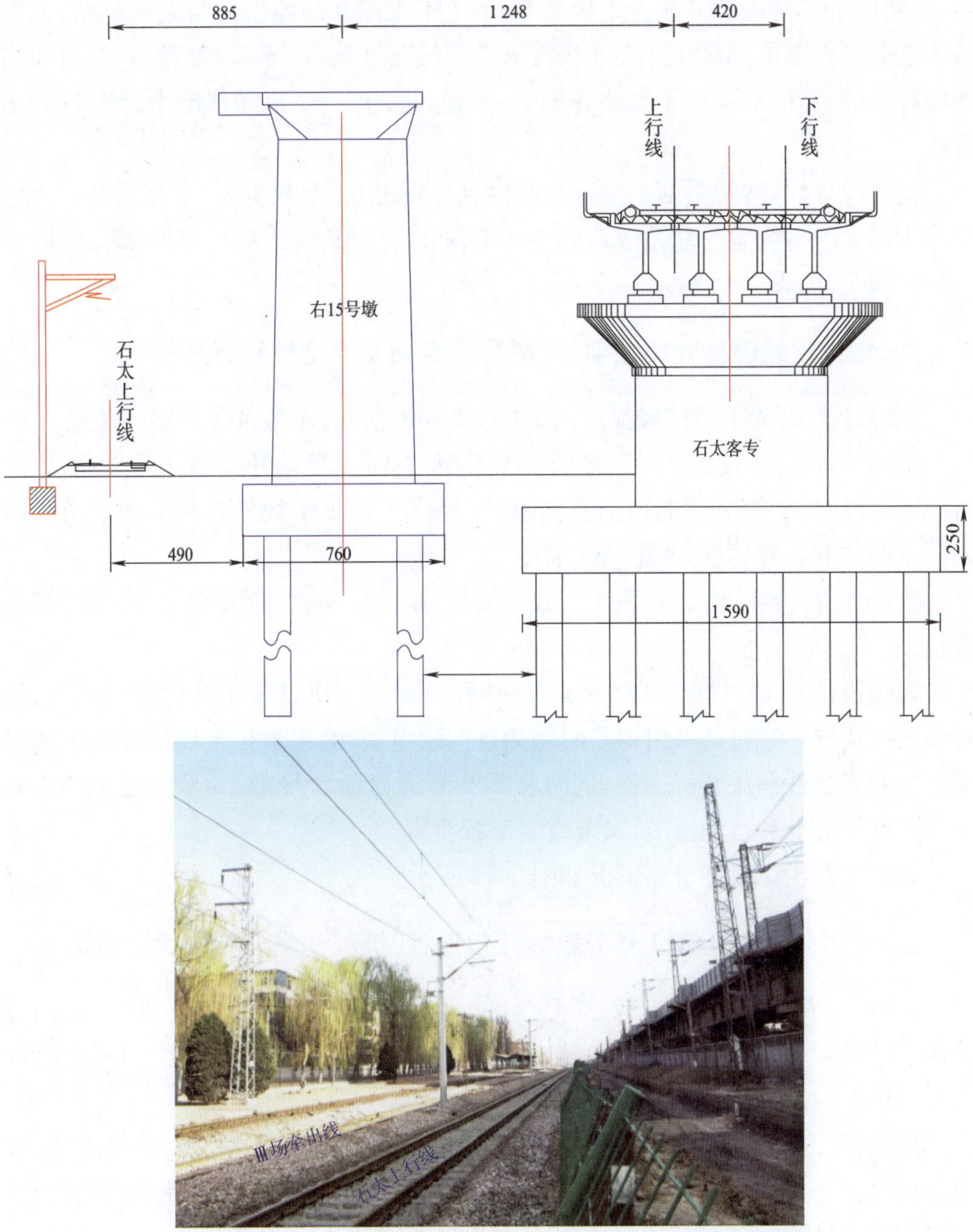

图 7-17 牵 1 线接触网支柱优化后设计(单位:cm)

五、优化接触网供电方式设计，实现分场停电功能

原设计：太原站、太原东站、太原北站均由太原北站变电所213号馈线供电（利旧），太原北站不能单独停电。

优化设计：①在太原北至太原东间石太上行线98号支柱处增加隔离开关一台，并将此处非绝缘关节改为绝缘关节，解决了太原北站编组场与太原东站、太原站不能分开停电的问题。②在Ⅱ场石太上行线与Ⅱ场2～6道、Ⅲ场1～3道间增加绝缘及隔离开关，实现了太北Ⅱ场2～6道、Ⅲ场1～3道间停电不影响石太上行线。

优化设计后，接触网施工垂直天窗要点计划由51个减少为：垂直天窗16个、Ⅴ型天窗35个，为太原北站改造创造了有利的时间条件。停电方式改造前后示意图如图7-18、图7-19所示。

六、优化正线道岔开向及型号，提高旅客列车安全性和舒适性

原设计1：石太上行线径路上的L1号单开道岔，列车经过时为侧向通过。

优化设计1：通过调整线路平面及纵断面设计，变更单开道岔开向，将石太上行线列车经过L1号道岔时改为直向通过，提高了繁忙干线旅客列车通过道岔时的安全性和旅客舒适性，变更情况如图7-20所示。

原设计2：石太上行线径路上的202号、204号道岔，列车经过时均为侧向通过。

优化设计2：通过调整线路平面及纵断面设计，变更2组单开道岔的开向，使石太上行线列车经过此2组道岔时均为直向通过，提高了繁忙干线旅客列车通过道岔时的安全性和旅客舒适性；同时将202号道岔辙岔号由18号改为12号，既满足了设计标准和运输需求，又节省了工程投资。

原设计及优化设计平面情况如图7-21所示。

七、优化Ⅱ场210/212号单渡线开向设计，提高Ⅱ场北咽喉通过能力

原设计：太原北Ⅱ场210/212号为12号单渡线道岔，Ⅰ、Ⅱ场间在210/212号渡线处无Ⅰ场直发Ⅱ场正线通路，只能通过Ⅱ场到发线进入石太上行正线，对行车组织不利。

优化设计：通过调整线路平、纵断面设计，将右开单渡线变为左开单渡线，实现了列车由Ⅰ-Ⅴ场联络线经Ⅰ场可直接进入石太上行线的功能，加大了Ⅱ场北咽喉列车通过能力，方便了行车组织。如图7-22所示。

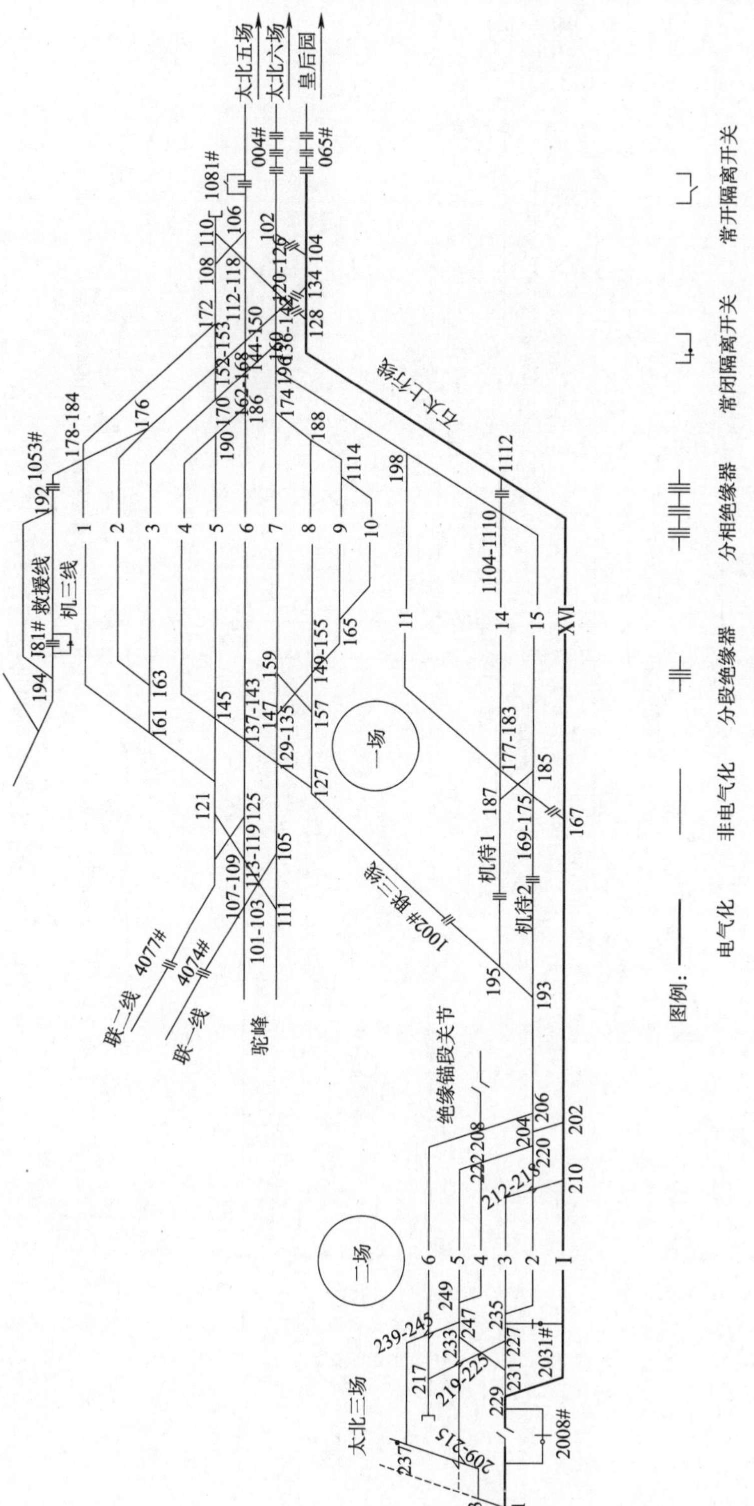

图7-18　太北站供电分段改造前示意图

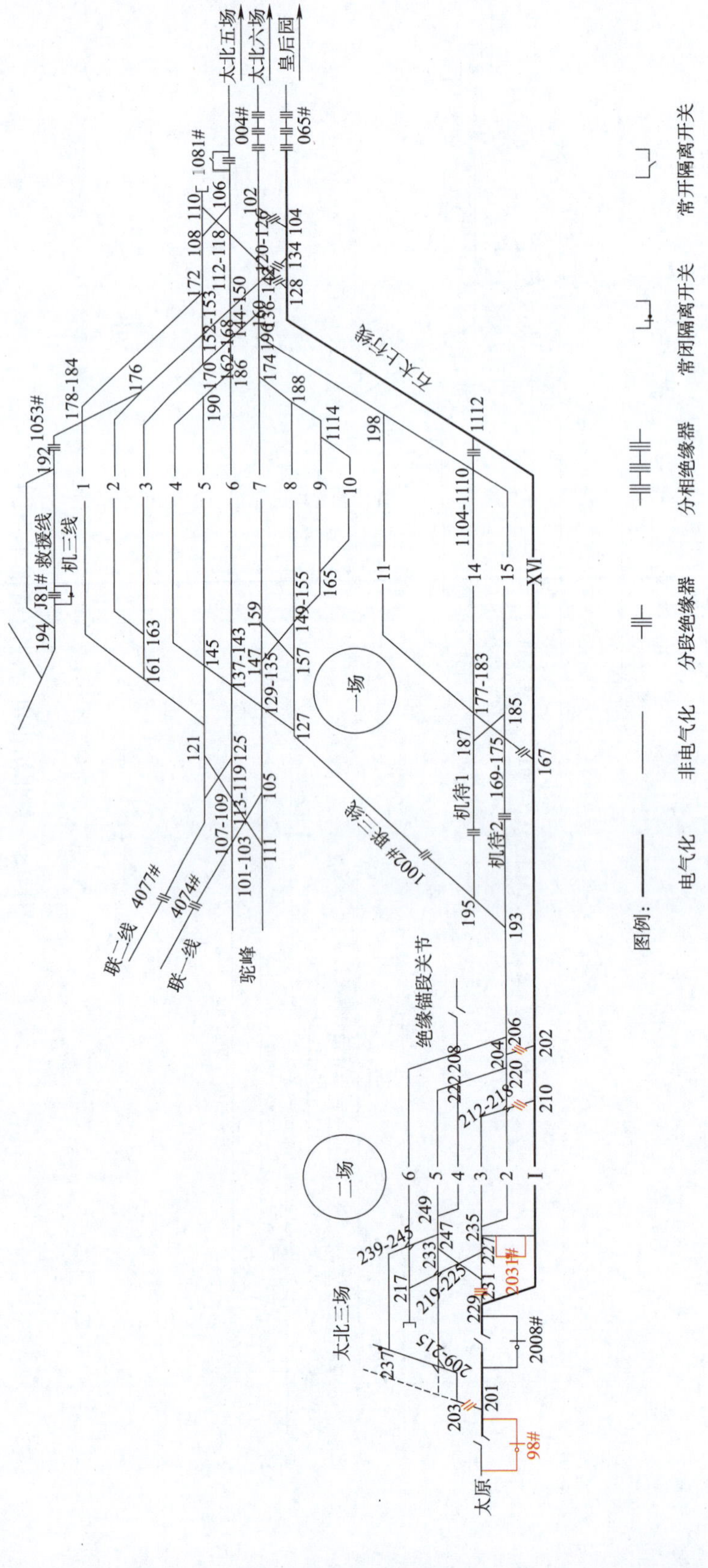

图7-19　太北站供电分段改造后示意图

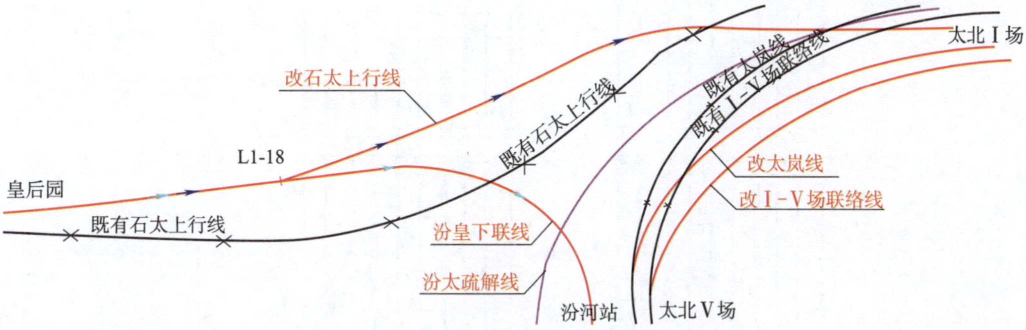

(a) 石太上行线运行L1号曲股(原设计)

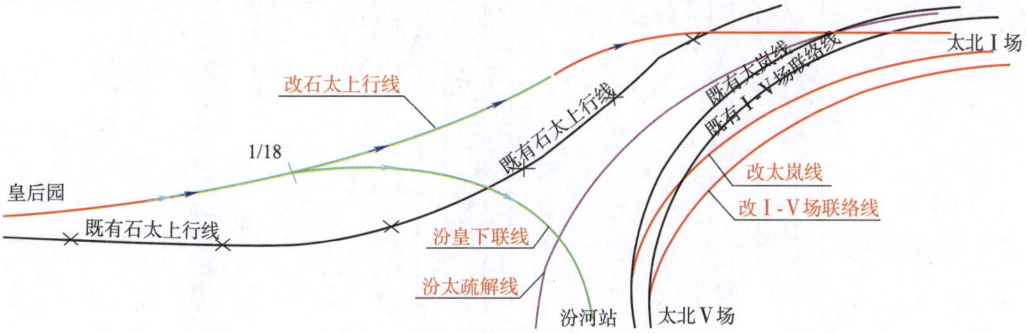

(b) 石太上行线运行直股(优化)

图 7-20 石太上行线 L1 号道岔优化设计情况

八、优化小半径曲线轨枕设计

原设计:站改范围内半径 300 m 及以下的曲线全部采用木枕,框架强度低,轨距不易保持,且维修养护工作量大。

优化设计:改为铺设小半径曲线专用混凝土枕,既增大了轨道框架强度、减少了线路病害和工务维修工作量,又提高了设备质量。本次站改共铺设小半径曲线轨枕 730 根。

九、优化Ⅱ场室内电务设计,结合设备大修同步实施

原设计:微机联锁、电源屏、TDCS2.0 设备利旧。

优化设计:考虑到太北Ⅱ场室内电务设备距离大修期已不到一年时间,可以结合本次站改将太北Ⅱ场微机联锁、电源屏设备利旧变更为新设,将 TDCS2.0 设备利旧变更为新设 TDCS 3.0 设备。优化设计后,开通前新信号设备可彻底进行试验,降低了新旧微机联锁软件换装试验安全风险,减少了开通前电务试验要点次数,并节省了工程投资。

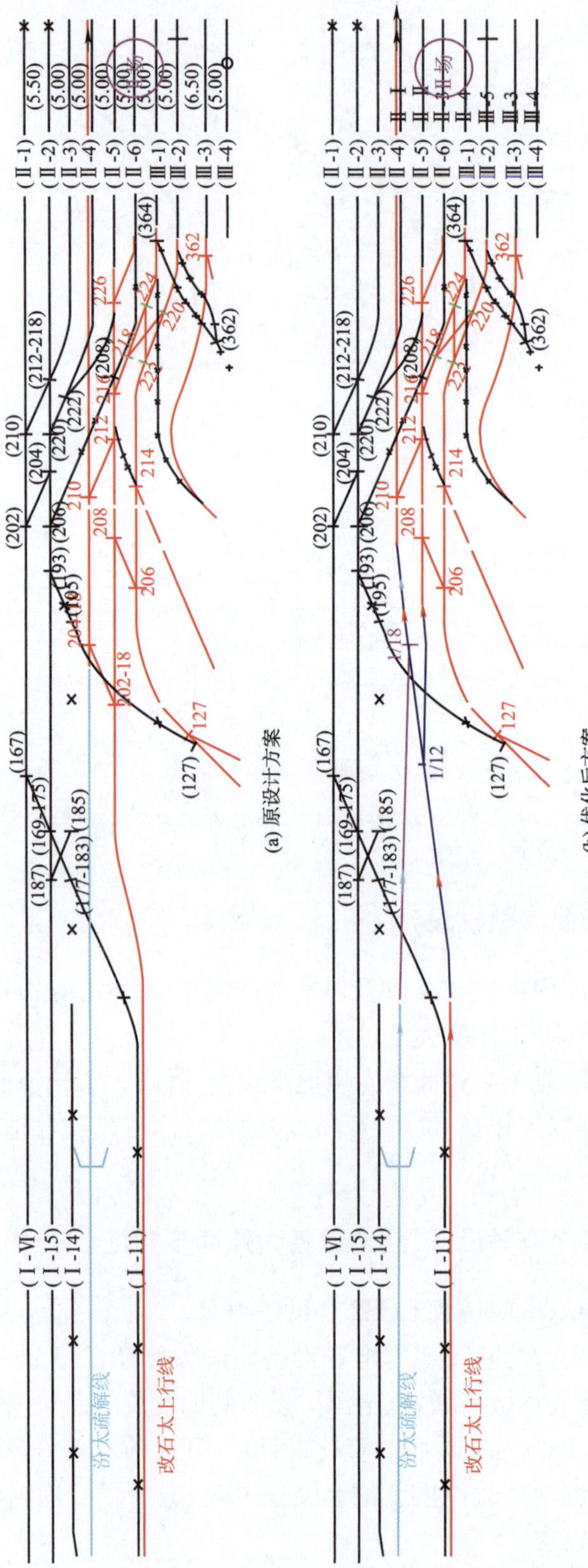

(a) 原设计方案

(b) 优化后方案

图7-21 汾太疏解及石太上行线Ⅱ场接轨方案优化设计示意图

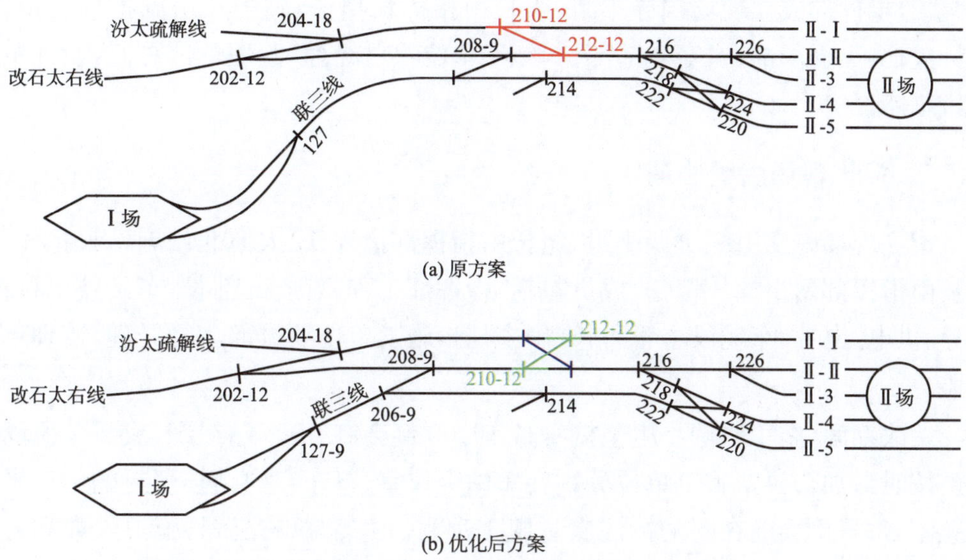

图 7-22 太原北站Ⅱ场北咽喉渡线方案优化情况

十、优化Ⅲ场峰尾机械室电务组合架布局设计

原设计情况：利用既有信号机械室插入新机械设备组合架。因既有机械室空间狭窄，施工中容易触碰既有设备，安全风险高、施工难度大，且开通后不利于电务人员维修。

优化方案：将新组合架从机械室调整到电源屏室，为现场施工创造有利条件，降低了施工安全风险，方便了电务维修人员作业。

第五节 施工组织管理

太原北站Ⅰ、Ⅱ、Ⅲ场改造于 2015 年 7 月 16 日开始，至 2015 年底结束，具体安排：(1)站改前线路升级及站后工程施工，用时 75 d；(2)Ⅱ、Ⅲ场改造及开通，用时 10 d；(3)Ⅰ场改造及开通，用时 10 d。为确保工程安全、优质、按期完成，采取了以下管理措施。

一、强化施工组织领导

(1)铁路局成立站改领导小组，组长由主管建设副局长担任，副组长由运输处、建设处处长担任，组员包括：指挥部指挥长，铁路局建设、运输、工务、电务、供电、车辆处副处长，安监、总工室副主任，太原北站副站长，工务、电务、通信、供电、车辆段副段长。铁路局办公室督查科对小组工作进行督导。

(2)指挥部成立现场领导小组，组长由指挥长担任，副组长由副指挥长担任，成员包括：工程部部长、安质部部长，施工单位项目经理，监理单位总监，设计单位项目总体。

二、强化现场组织协调

成立现场施工组织协调小组，组长由指挥部指挥长、太原北站副站长担任，副组长由指挥部副指挥长担任，成员包括：指挥部工程、安质部部长，车站技术科长，工务、供电、电务、车辆段主管科长（副主任），施工单位项目部主管经理，监理单位总监。

站改期间，施工协调小组坚持每日16:00例会制，由车站组织，成员单位固定人员按时参加会议。施工单位分别在车站会议室、行车室内贴挂塑封的施工平面示意图，每日例会前在图上标注次日施工项目、地点、影响范围、施工人数和大型机械使用情况。会上由施工单位汇报当日施工项目、完成作业量、劳动力和安全情况以及次日施工安排，并提出次日协调配合要求；配合监护单位提出问题和整改要求；监理单位提出安全质量意见；指挥部提出协调要求；车站进行总结安排。

通过施工协调例会，很好的协调解决了施工单位之间、施工单位与设备单位之间相互干扰和配合不足的问题，加大了安全监护落实力度，强化了现场安全管理，确保了施工现场作业有序、安全可控。

三、强化现场安全盯控

指挥部制定现场盯控工作制度，盯控人员对邻近营业线施工实行全过程安全盯控，其中B类及C类邻近营业线施工必须有一名中层干部带班盯控，A类、三级及以上施工至少有一名班子成员带班盯控。

施工单位项目部制定干部包保制度，安排包保干部对施工现场分片进行包保检查，做到任务明确、责任到人。每天安排两名项目部领导班子成员巡视检查现场，分别不少于两次，并安排一名项目部中层干部对施工过程进行安全盯控。

监理单位总监或一名副总监每天巡视检查现场不少于两次，安排专业监理工程师和监理员对施工全过程进行旁站盯控。

四、认真落实“四必须”等规定要求

(1)认真落实铁路总公司关于邻近营业线施工的“四必须”规定和太原铁路局关于营业线施工安全管理要求，制定措施并严格执行。

①施工场地与既有线间必须采用硬隔离设施，站内两线间作业没有条件设置硬隔离的，采取设置隔离绳、增加防护人员、控制作业人数的办法。

②有吊车、挖掘机等大型机械作业的必须设置隔离网和混凝土隔离墩或混凝土轨枕隔离桩。

③既有线施工通道处必须派专人看守。

④有机械通过的施工便道与既有线间必须设置隔离墩。

⑤对既有线行车设备构成威胁的要加装防护设施。

⑥现场安装视频监控设备，并具备适时查看回放功能。

⑦严禁作业人员在未封锁线路的情况下穿越股道和上道抬运设备材料。

⑧未封锁股道上作业人员行走必须设防护员，防护员要随时与驻站联络员保持联系。

⑨大型机械邻近营业线施工严格遵守“一机一人、来车停止作业”制度。

(2)具体做法。

①严格落实邻近既有线施工硬隔离制度。

②隔离网上悬挂醒目安全警示标志。

③隔离网设设备单位维修专用通道，并派专人看守。

④严格落实大型机械邻近营业线施工“一机一人、来车停止作业”监控制度。

⑤严格落实既有线施工人员进出场防护员带队制度。

⑥严格落实既有线施工场地视频监控制度。充分利用车站范围内路局既有视频监控系统，对覆盖不到的地方采取设置具备实时回放功能的移动式视频摄像机的办法，做到施工处所、施工过程视频全覆盖、全监控，安监人员实时可查看，对施工现场施行远程化、信息化管理。

⑦严格落实封锁线路上大机作业运行径路确认制度。大型养路机械进出封锁线路并转线时，电务根据运行径路负责使用手摇把调整转辙机位置；工务负责提供运行径路、确认线路是否具备进车条件并加钩锁器；车务负责确认运行径路；指挥部负责派专人监督确认运行径路并下达运行指令。

五、强化施工安全监控

各设备管理单位成立邻近既有线施工监控小组，组长由主管副段长担任，组员包括技术(线路、桥梁、信号)科长、安全科长、车间主任、施工协调办主任。监护单位根据施工类别按专业派出施工监护人员担任现场施工监护工作，监护人员积极与施工单位联系，既配合施工单位顺利施工，又制定严密的措施加强检查、巡查，切实担负起监管责任，杜绝施工单位违章蛮干和不按批准的施工方案组织施工，坚决确保既有线行车安全。各设备监护单位按照自己的设备分管职责，加强现场检查督导，杜绝一个专业代替多个专业监控的现象，指挥部负责对监护人员到位情况进行检查，监护人员不到场不得进行施工。

六、树立“一盘棋”大局观念，接收单位与施工单位相互协作保开通

施工和设备接收单位牢固树立“讲大局，保开通”一盘棋观念，施工主体、配合角色适时互换，团结协作共保开通。

站改施工开始后，设备单位积极介入、主动上手，重点对可能影响开通的施工项目的施工质量进行检查和把关，对设备调试和试验情况进行监督，并及时提出问题和整改要求；监理单位监督施工单位严格按照施工设计图纸、施工规范和验收标准进行施工；指挥部督导施工单位按照设备单位的要求及时进行整改，影响设备开通的A类问题必须在开通前全部整改完毕，B类问题必须在指定的时间内整改完毕。开通后，施工单位积极配合设备单位对出现的设备质量问题进行整治，尽快消除设备病害、稳定设备质量，确保运输安全畅通。

七、制定应急预案及措施，保施工安全、保铁路畅通

施工单位认真制定应急抢险预案和措施，监理单位负责检查和落实，指挥部组织审查方案，并不定期对应急抢险机具设备和储备物资情况进行抽查。

八、加强安全教育培训

施工单位管理人员、现场带班人员必须通过路局组织的营业线施工安全培训及考试，成绩合格方能上岗；其他施工人员必须参加施工单位职教部门组织的安全培训考试，成绩合格方能上岗。特种设备作业人员、防护员必须持证上岗。

九、坚持安全技术交底和作业指导书制度

施工前，建设指挥部组织参建单位召开施工技术交底和安全质量交底会，项目部向架子队进行安全技术交底并下达作业指导书，架子队组织有关人员认真学习安全技术交底和作业指导书，并在施工中落实执行，坚决确保施工安全。

十、把好“十关”，确保工程施工质量

石太线是繁忙干线，太北站是太原枢纽重要编组站，运输异常繁忙，参建单位、设备管理单位利用站改升级设备，同时确保工程施工质量，具体把好以下“十关”：

(1)把好设备进场质量检验关。

(2)把好隐蔽工程质量检查关。

(3)把好工序衔接质量验收关。

(4)把好道岔等设备组装几何尺寸关。

(5)把好线路清筛关(站线升级正线大机清筛)。

(6)把好线路捣固关(新铺道岔、线路大机捣固)。

(7)把好开通前设备质量随工验收签字关。

(8)把好无缝线路铺设锁定轨温及焊接钢轨质量关。

(9)把好设备静态验收关。

(10)把好动态验收设备调试关。

第六节　小　　结

大型复杂站改涉及面广,设计和施工方案及施组的研究十分重要,直接影响到投资、质量、安全和运输组织等。太原北站站改工程非常典型,运输能力和建设需要矛盾突出,行车组织难度大,场地狭窄,施工要点难,效率低、安全风险高。通过领导亲自上手,从行车组织、施工方案、过程管理等全过程研究,采用新型技术手段辅助施工组织研究,取得了很好的效果。通过优化设计方案,降低了施工难度,最终顺利完成了站改。主要的成功做法包括:

(1)施组编制过程中采取多种先进技术手段,如采用无人机航拍勘察施工现场,制作视频短片、运用三维动画技术,解析后续工程施工,制作多媒体施组文件,全方位展示施工过程管理,使参建人员、路局配合人员及路局领导等管理人员对站改工程有一个全面、直观、立体的认识,能深刻理解施组安排。

(2)结合现场实际,集思广益,先后对接触网支柱、供电方式、道岔等10项设计方案进行优化,为站改顺利实施打下基础。

(3)树立"一盘棋"大局观念,通过强化施工组织领导、强化现场施工组织协调、强化现场安全盯控、落实"四必须"、把好"十关"的等措施,确保工程安全与质量。

太原北站站改施工方案的优化和实施经验,为其他复杂枢纽站改提供了有益的经验。

第八章　邻近既有线T梁架设施工组织管理

铁路T梁架设一般可以采用架桥机架设和吊机架设两种方式。架桥机架设方式根据运输方式不同又分为铁路架桥机和公铁两用架桥机两种方式，前者采用有轨运输，后者采用轮胎车载运输。吊机架设适合于较为开阔平坦的陆地，对环境要求较高。邻近既有线架设T梁一般需要满足以下条件：

(1)保证架梁施工组织和安全的需要；

(2)具备安全隔离设施设置的空间；

(3)满足既有线接触网的安全距离；

(4)尽量不降低既有线运输能力。

但在一般情况下，以上条件难以满足，需要采取措施。如通过优化运输组织和施工组织、对接触网进行改造、对架桥机进行改造、强化安全设施与措施等，保证运输和施工安全。本章结合曹妃甸港区铁路扩能改造工程案例，介绍邻近既有线T梁架设的施工组织管理。

第一节　工程概况

曹妃甸位于环渤海中心地带，港口货物吞吐量大幅增长，既有迁曹铁路运力已经不能满足港区建设运输的需求。为完善大秦、张唐铁路煤运通道集疏运系统，扩大曹妃甸港区铁路运输能力，对所属曹妃甸港区既有铁路进行扩能改造。扩能改造完成后可以与张唐铁路、唐曹铁路和水曹铁路实现对接，进一步增强煤炭运输保障能力。

曹妃甸港区铁路扩能改造工程为国铁Ⅰ级电气化重载铁路，设计时速120 km/h，主要包括两条单线增二线、四站改扩建(图8-1)。曹妃甸特大桥(图8-2)位于曹妃甸北站—曹妃甸西站区间，桥长7 477 m，直线桥，双线桥墩，T梁采用2051型，线路坡度4‰。左线于2009年开通，预留右线未架梁，线间距4.0 m。本工程为右线增二线，采用2051改进型专用T梁，架设227孔(海域37孔、陆域190孔)。该桥T梁架设难点在于如何在邻近营业线4 m线间距双线墩且接触网不停电条件下进行架设。具有以下风险：

(1)桥下及周边为海域或吹填造地形成的软地基，无公路施工通道；

(2)线间距小，距离接触网线间距近，营业线不停电架梁施工安全风险高；

(3)既有线重载列车车流密度大,邻近既有线施工要点难;

(4)海域气候变化大,人身及设备安全风险高。

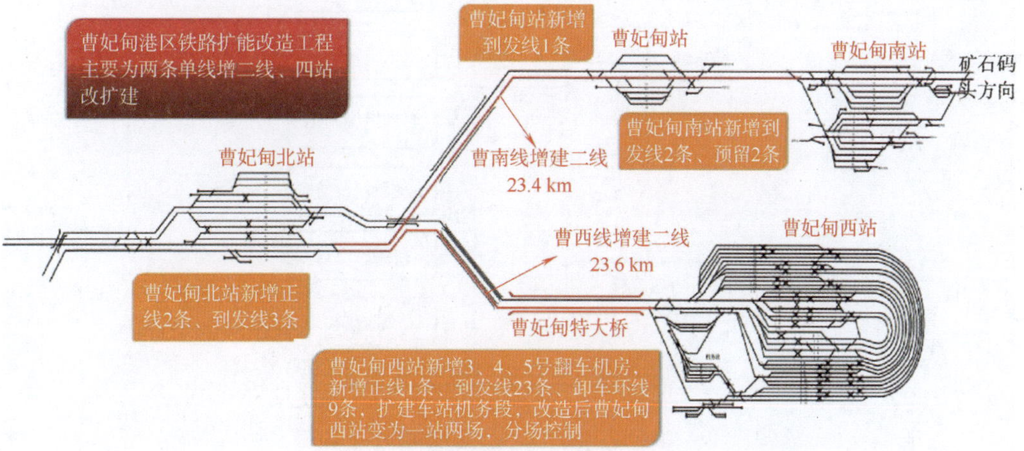

图 8-1　曹妃甸港区铁路扩能改造工程平面示意图

图 8-2　曹妃甸特大桥

第二节　施工组织方案

一、工作流程

具体工作流程如图 8-3 所示。

方案制定和审查阶段是关键,建设单位与运营单位的相关专业及设备管理单位要组织设计、施工、监理等参建单位认真研究,做好方案比选。

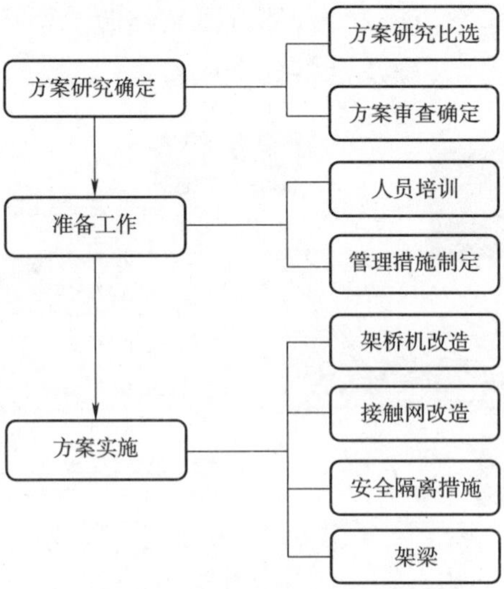

图 8-3　工作流程图

二、方案比选

经过现场勘测，对既有线 T 梁、接触网与增二线 T 梁之间的相对位置进行精确测量，分析测量数据，对适合本工程架梁施工的两种方法进行比选：架桥机架梁和履带吊架梁。

1. 架桥机架梁

利用增二线作为工程线，架桥机 2 号小车运梁。优点是架桥机稳定性好，安全有保证；接触网带电架梁，对铁路运输影响较小；利用增二线作为运梁便线，临时工程少，投资小。缺点是现有标准架桥机立柱侵入接触网限界，架桥机易产生静电感应，造成既有线无法正常运输；内边梁无法正常就位；架梁施工操作人员极易侵入既有限界。

2. 履带式吊车架梁

利用轮胎式设备运梁、履带吊架梁方案，需填筑便道，搭设栈桥和采用多台 350 t 及以上的履带吊。优点是充分利用天窗点，展开多个工作面，多组履带吊车同时作业，施工进度快。缺点是运梁必须利用炮车公路运输，故需在吹填区填筑施工便道和在水中搭设栈桥，工期长、投资大；履带吊提梁架设需要点停电施工，对铁路运输影响很大；在繁忙干线、天窗点有限的条件下，如利用每周一个天窗点(120 min)施工，施工机械利用率极低，大幅增加机械使用费，架梁工期延长；架梁时，吊绳与接触网带电部分的距离较近，履带吊稳定性不好，操作难度大；海域部分施工时影响航道正常通航，在地方海事部门办理手续难度大；栈桥施工对海洋会造成一定污染。

3. 方案确定

对两种方案进行分析比选，并咨询运营单位和机械制造单位的意见，参建单位认为既能保持既有线正常运输又能节省投资、缩短工期的架桥机架梁方案是最优方案。考虑到现有标准架桥机侵入接触网限界要求范围的情况，进一步研究确定三个改进措施：(1)改造接触网方案；(2)改造架桥机方案；(3)适当拨移轨道偏心架梁方案。在单项方案不能满足安全距离要求的情况下，综合采取以上三项措施，满足相关要求。架梁方案技术措施如图 8-4 所示。

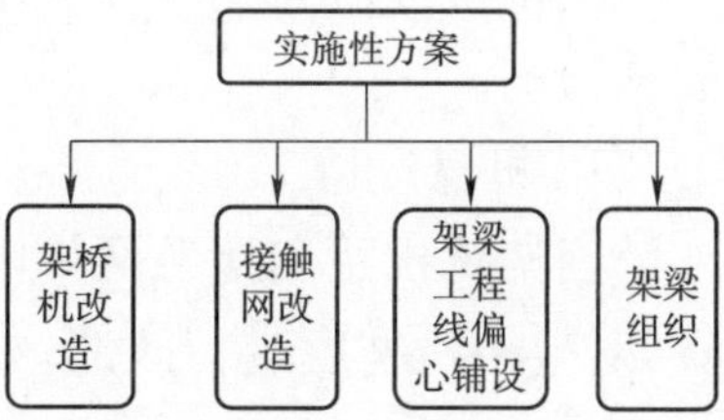

图 8-4　架梁方案技术措施

第三节　架桥机改造

一、架桥机选型

对现有架桥机设备进行比较分析，对基本适合类似工程的两种型号架桥机进行比较见表 8-1。

表 8-1　DJK166 型和 DJ180 型架桥机相关参数对照表

型号	DJK166 架桥机			DJ180 架桥机		
项目名称	参数值	是否适合本项目		参数值	是否适合本项目	
		现状	改造后		现状	改造后
工作环境风力	≤6 级	是	是	≤6 级	是	是
类型	自轮行走、单臂式	是	是	自轮行走、单臂式	是	是
最小曲线半径	架设 600 m，可通过 180 m 曲线	是	是	架设 600 m，可通过 180 m 曲线	是	是
主机总重	256 t	否	否	123.7 t	是	是
外尺寸（长×宽×高）	64.3 m×4.33 m×6.88 m	否	是	58.2 m×4.2 m×7.6 m	否	是
最大横移量	1 150 mm	是	是	750 mm	否	是
最大爬坡	2%	是	是	3%	是	是

从表 8-1 看出，检算架桥机支点反力，DJK166 架桥机自重大，支点反力超出梁体的承载能力；DJ180 型架桥机改造难度小，自重符合要求，比选后采用 DJ180 型架桥机进行改造。

二、架桥机改造

架桥机改造方案共分五个部分：机身改造、机臂改造、吊具改造、航车改造和安全检测。

1. 机身改造

因架桥机距离接触网带电部分太近（0.9 m），根据桥面宽度及线间距 4 m 测算，对架桥机宽度进行改造，如图 8-5 所示。

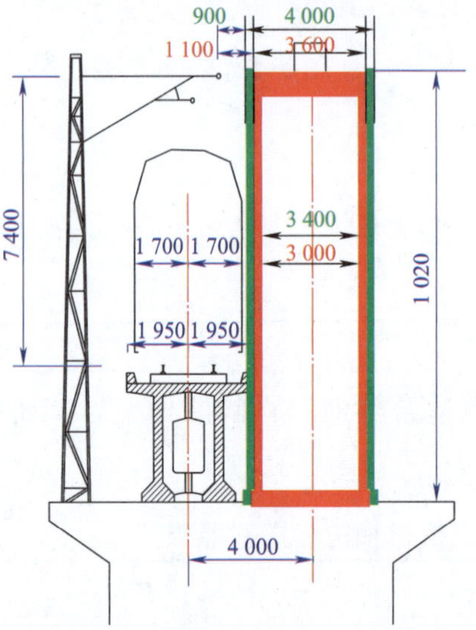

(a) 一号柱改造前后

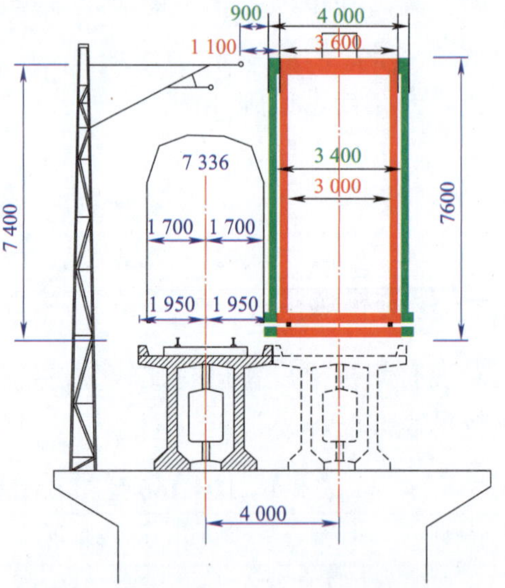

(b) 二号柱改造前后

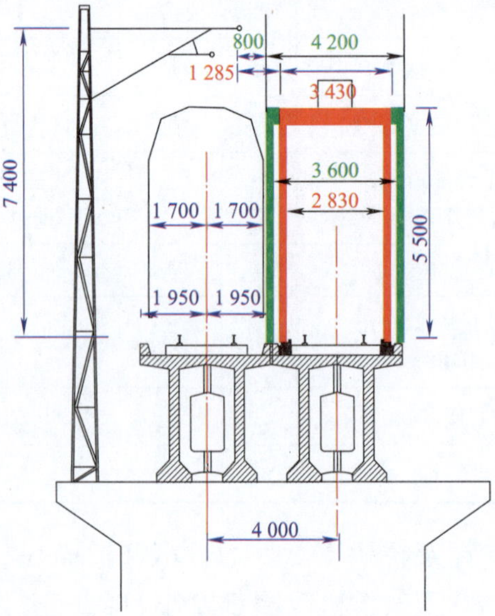

(c) 三号柱改造前后

图 8-5　架桥机瘦身改造（单位：mm）

(1)1号柱改造:两立柱外轮廓宽由4 000 mm改为3 600 mm,内径宽由3 400 mm相应改为3 000 mm。

(2)2号柱改造:两立柱外轮廓宽由4 000 mm改为3 600 mm,内径宽由3 400 mm相应改为3 000 mm,保证架桥机能够正常作业,支撑稳定。

(3)3号柱改造:两立柱外轮廓宽由4 200 mm改为3 430 mm,内宽相应由3 600 mm改为2 830 mm,保证3号柱柱脚能够支撑在桥梁挡砟槽和轨枕之间,使轨排车能够顺利通过。

通过上述改造,在保证架桥机能够正常作业和支撑稳定的基础上,架桥机1、2号柱与接触网带电部分的距离增大200 mm。

2. 机臂改造

架桥机受4 m线间距限制整机不能横移,机臂横移量不足。机臂宽由980 mm改为800 mm,满足航车与立柱间的横移要求。通过检算,改造后机臂受力满足负载要求。

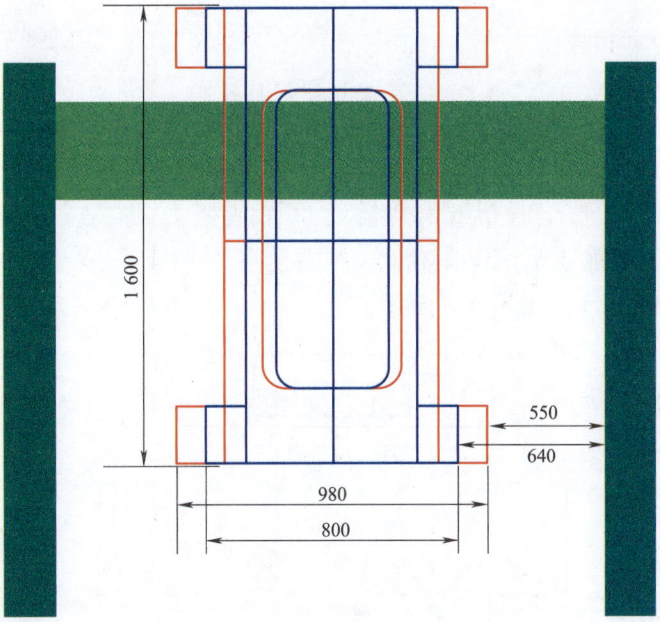

图8-6　架桥机机臂改造(单位:mm)

3. 吊具改造

受4 m线间距限制,架桥机整机和机臂都不能向既有线侧横移,正常架设T梁时,使用1、3号吊耳吊内边梁,无法按设计位置落位,使用2、4号吊耳吊外边梁时,机臂横移量加大,影响架桥机的稳定。另外2051改进型专用T梁梁宽较窄,吊绳不能抱紧梁体,T梁吊起时梁体不稳。通过改造吊具,增加偏吊量。

具体改造方案为:新增加两个吊耳(图8-7)。吊内边梁时使用1、6号吊耳,往里偏吊量 450 mm；吊外边梁时使用 4、5 号吊耳，往外偏吊量 450 mm。同时保证吊绳抱紧 T 梁，保持梁体稳定。

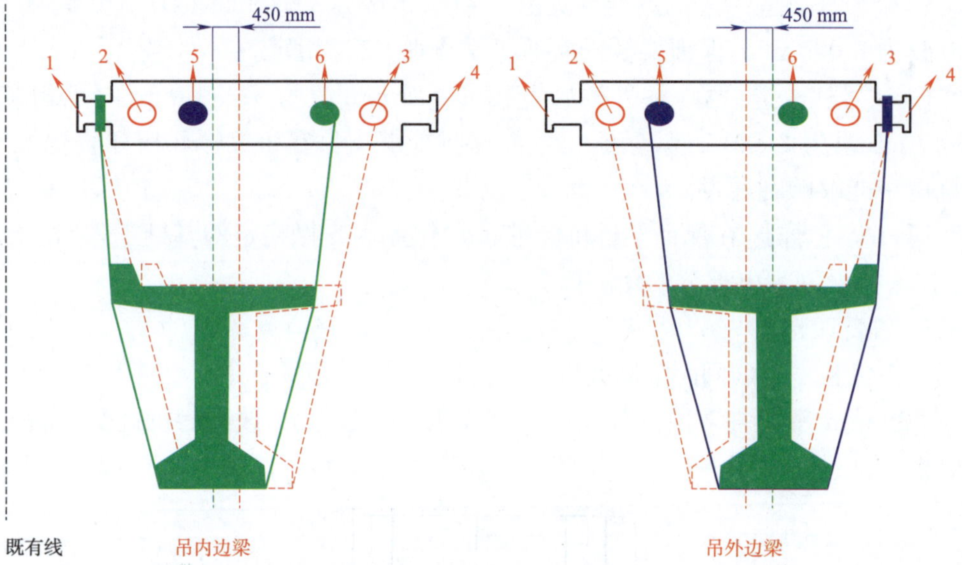

图 8-7　架桥机吊具改造

4. 航车改造

由于吊心偏移，喂梁时机臂和航车之间形成扭力，摩擦力增大，航车行走不畅。在机臂底部增加 4 个滚动限位器，左右侧各增加 4 个滚动限位器，降低机臂与航车之间的摩擦力。如图 8-8 所示。

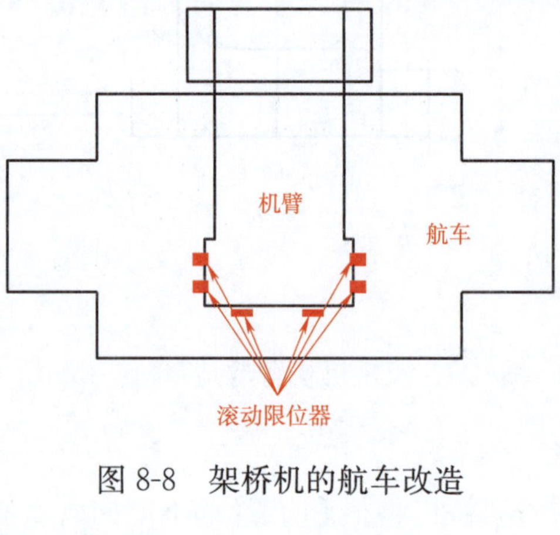

图 8-8　架桥机的航车改造

三、架桥机检测

完成架桥机改造后，需要经过质量技术监督局鉴定，各项技术指标符合要求，并取得起重机械安装改造重大维修监督检验证书。改造后的架桥机如图 8-9 所示。

(a) 1号柱改造后

(b) 2号柱改造后

(c) 3号柱改造后

(d) 吊耳及航车改造后

图 8-9 改造完成后的架桥机

第四节 接触网改造及其他措施

一、接触网改造

架桥机改造后，距离接触网带电部分的平腕臂增加 200 mm，达到 1.1 m，仍不能满足《铁路接触网检修规程》1.6 m 的安全距离要求，须对接触网进行改造。接触网改造方案如下：

(1)正定位拉出值由 200 mm 变为 350 mm。

(2)反定位拉出值由 −200 mm 变为 +200 mm。

(3)对过长的平腕臂、斜腕臂、反定位进行切割或更换。

(4)更换反定位腕臂支撑,重新调整接触网。

接触网改造后带电部分与改造后架桥机立柱距离增至 1.5 m。

二、架梁工程线偏心铺设

架桥机和接触网改造后,架桥机与接触网带电部分距离为 1.5 m,仍不能满足最小工作距离的要求。提出架梁工程线偏心 200 mm 铺设方案,经梁体受力检算,T 梁满足受力要求,同时满足 1.6 m 最小工作距离的要求。采取架桥机改造、接触网改造和架梁工程线偏心铺设三个措施后,具备不停电架梁条件。架桥机与接触网距离如图 8-10 所示。

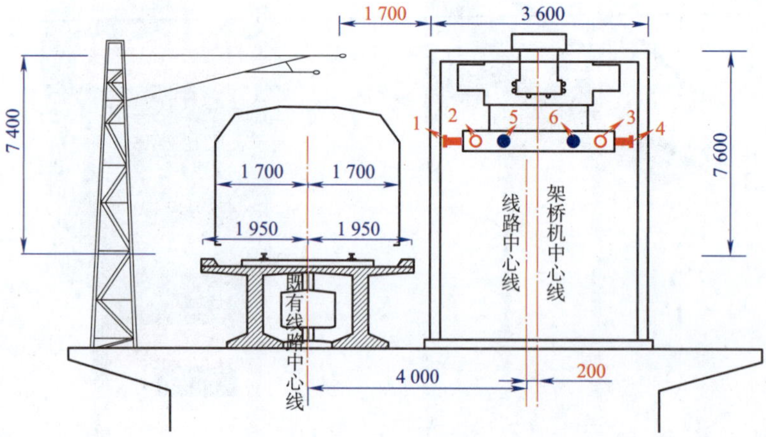

图 8-10　架桥机与接触网距离图(单位:mm)

三、支座安装措施

2051 改进型专用 T 梁高 2.8 m,支座高 0.5 m,架桥机 2 号柱净空 3.14 m,在梁场安装支座,T 梁无法通过 2 号柱。现场在墩台上安装支座,作业立体空间小、支座重、作业难度大、劳动强度高、作业效率低、人身安全隐患大。在 2 号柱前制作随机平台(图 8-11),采用在槽钢里放钢珠的方法,T 梁落在支座上,对位时能够轻松的前后左右移动,节省支座安装时间 35 min 左右,极大提高作业效率,降低劳动强度,保证人身安全。

图 8-11　支座安装随机平台

四、安全设施安装

既有线架梁侧人行道进行拆除，把电缆改迁至另一侧，在限界外安装硬隔离。立柱采用 L50×50 角钢，每 3 000 mm 一个立柱，上部利用既有栏杆的盖铁，中部使用 3 道钢筋条连接，最高部位距离轨面 800 mm，距离既有线路中心 1 950 mm。硬隔离栏杆如图 8-12 所示。

图 8-12　硬隔离栏杆

五、架梁安全监督计划

运梁按邻近营业线 C 类监督计划（利用列车间隔）施工。架梁按邻近营业线 B 类监督计划施工（利用列车间隔）。架梁施工分四个步骤：过孔、架设内边梁、架设外边梁、铺设轨排为一个循环。每一个步骤均向列车调度员要点，既有线接触网不停电，但邻线不行车。

第五节　架梁施工组织安排

一、施工准备

(1)在既有线天窗点内或者结合既有线集中修时间,组织完成既有线接触网的改造、电缆改移,桥梁人行道拆除以及硬隔离防护护栏的安装。

(2)完成架桥机的改造和认证。

(3)成立建设、运营、设计、施工、监理共同参加的现场组织指挥机构,制定应急预案;制定安全质量保证措施;对全体人员进行运输和施工安全教育和技能操作培训。

二、试 架 设

以最大限度减少对铁路运输影响,有效利用列车间隔,保证架梁进度为原则,通过试架设,采取现场写实的方法,掌握架设过程每个施工步骤需要的时间,制定要点计划,必要时适当调整行车组织。一般情况下,T 梁过孔为 35 min,架内、外边梁各为 25 min;铺轨排为 15 min。

三、工程实施

包括装梁、运梁、架梁、桥面系和线路回拨。如图 8-13 所示。

图 8-13　架梁施工过程

1. 装梁和运梁

T 梁均采用架桥机 2 号车运输,用车上自带的钢支柱支撑梁体,钢支撑与梁体接触点用木楔挤实,并采用 2 个 3 t 倒链在两端捆绑加固。

运梁车沿临时轨道和增加二线运至架梁地点。

2. 架梁

包括过孔、架设内边梁、架设外边梁、铺轨排四道工序。

架设内边梁时，由于架桥机整机和机臂均不能向既有线侧移动，内边梁不能直接就位，采用人工横移方法使内边梁就位。(1)在墩台上设置横移轨道，轨道上设置聚乙烯滑板，使用1、6号吊耳起吊，落在滑板上；(2)利用油压缸将内边梁向既有线侧横向顶移到达设计位置；(3)利用100 t千斤顶将梁端顶起后，撤除横移轨道，落梁就位。如图8-14(a)所示。

架设外边梁时，由于工程线向外侧偏心200 mm，架桥机随之向外侧偏移，为保证架桥机的稳定，架外边梁时整机不能向外侧移动，需使用4、5号吊耳吊梁和机臂移动至设计位置，使外边梁就位。如图8-14(b)所示。

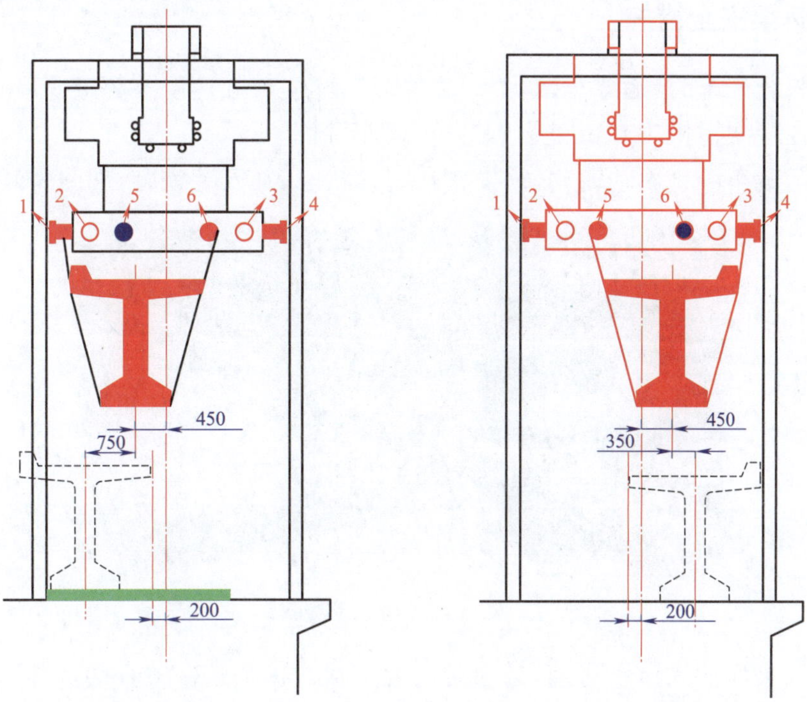

图8-14　架梁图(单位：mm)

3. 桥面系和回拨线路

梁体就位后立即施工桥面系，包括绑扎横隔板钢筋、穿精扎螺纹钢、浇筑混凝土、横向张拉、压浆和封锚。

架梁施工全部完成后，回拨工程线至设计线位。

第六节　安全管理措施

邻近既有线施工最重要的是保证运输和施工安全，施工前制定安全培训、运梁安全措施、架桥机安全卡控措施、防触电安全措施、架梁安全措施、线路整修等6项针对性的安全措施。

一、安全培训

对所有施工人员进行安全培训，考核合格后方可上岗。正式架梁前进行线外实际操作演练。

二、运梁安全措施

(1)邻线来车时，运梁车执行"一度停车"制度，行驶速度不超过5 km/h。

(2)在距架桥机100 m处设置"一度停车"牌。

(3)运梁车静止不动时，必须设置在制动状态，并安装铁鞋，如图8-15所示。

图8-15　安装铁鞋

(4)架梁作业人员下班前，必须对运梁车制动状态进行检查确认，同时安排人员值班看守。

三、架桥机安全卡控措施

(1)建立领导跟班作业制度，进行现场技术、安全卡控。

(2)对各个工序卡控进行复核签认，确认合格后进行下一步工序。

(3)吊梁时严禁吊具倾斜吊梁。

(4)吊梁时架桥机曲梁与机臂必须穿插销轴连接，并紧固锁紧装置；过孔时曲梁与航车连接，过孔完成后，机臂与曲梁连接，解开航车连接销轴。销轴连接必须穿插到位，转换时必须执行先连接后解除制度。

(5)专人负责测量立柱垂直度和水平度,确保架桥机的安全稳定。

四、防触电安全措施

(1)安装绝缘板:在架桥机 1、2 号柱靠近既有线接触网侧安装高度为 1.5 m 的绝缘板。绝缘材料采用 SM35 绝缘子、酚醛层压纸板,厚度 10 mm,耐压30 kV,并在绝缘板上设置通风孔,减少风阻,确保架桥机稳定。如图 8-16 所示。

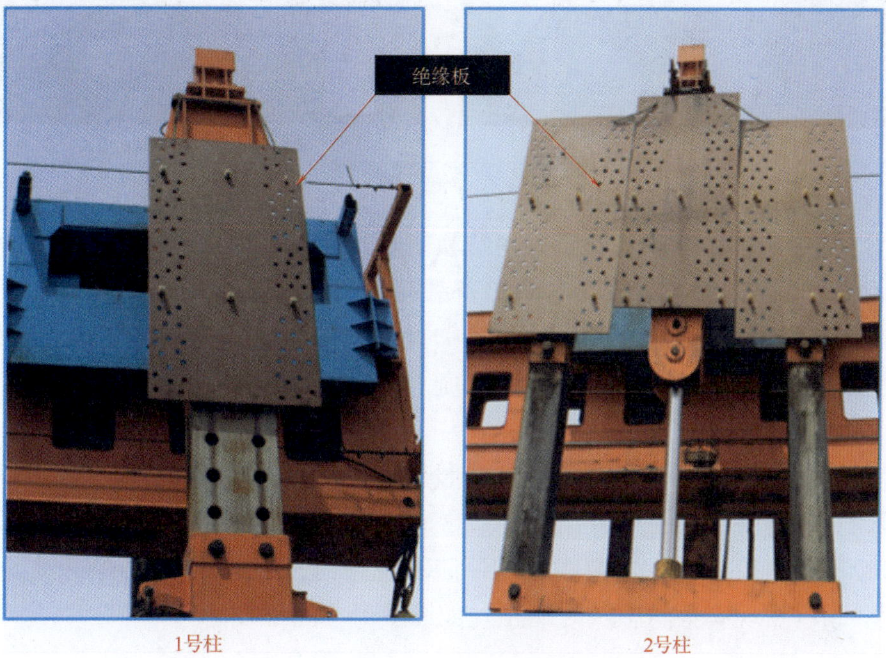

图 8-16 安装绝缘板

(2)架桥机设置接地线。利用既有墩台接地,接地线采用电力专用固定卡具紧固,保证接地线接地电阻不大于 10 Ω,时刻保持有效接地。

(3)增设限位装置。红外线测距自动锁定架桥机装置稳定性差,在架桥机横向导轨上新增限位装置,用物理隔离的方法限制架桥机向既有线侧移动,提高可靠性。

(4)激光测距。在架桥机 2 号柱设置固定激光测距装置,架梁每个环节施工前利用移动激光测距装置测量架桥机和接触网带电部分之间的距离,保证架桥机立柱和接触网间的安全距离。如图 8-17 所示。

五、架梁安全措施

(1)“八不架”措施。环节作业时间不满足不架;防护措施不到位不架;天气不良不架;接地不达标不架;监控人员不到位不架;横隔板未焊完不架;斜支撑加固不牢不架;垫石预留孔未核对不架。

图 8-17　激光测距

(2)人员安全防护措施。配备驻站联络员、现场防护员、远程防护员,远程防护员必须带有停车牌和信号旗等防护备品;驻站联络员、防护员、施工负责人与现场盯控人员配置同步对讲机,随时了解掌握调度命令及列车运行情况;点前所有人员不得上线,给点后方可上线作业,施工完成消点后,所有人员退到工程线一侧。

(3)架桥机检查确认措施。严格按照架桥机操作规范进行作业,实行每日检查签认制度,合格签认后方可作业。

(4)视频监控措施。配置移动可存储的视频监控设备全过程监控施工作业,并定期回放,发现安全隐患及时纠正。如图 8-18 所示。

图 8-18　视频监控

六、线路整修措施

整修工程线按邻近营业线C类监督计划施工。由设备监护及参建单位联合对工程线进行周期性检查，对不符合标准的地段下达整修计划单，由施工单位立即进行维修整治，合格后三方签认后方可放行运梁车。

第七节　小　　结

随着我国既有线改造项目逐年增加，邻近既有线架梁施工越来越多。曹妃甸港区铁路扩能改造工程T梁架设案例提供了成熟的经验。首先，要认真踏勘现场，实际测量空间距离，计算安全距离超限值，据此进行方案的研究。其次，要认真研究架桥机改造、接触网改造措施及线路拨移偏心架设等邻近既有线架设T梁主要技术措施。最后，在整个实施过程中，包括运输组织优化调整、架梁方案研究确定、接触网及相关设施设备改造迁移、施工过程安全卡控和监督等，建设单位及相关参建单位和运营、设备管理单位始终需要密切配合，共同研究，才能保证方案的可实施性，保证既有线运输安全和建设项目施工安全。

第九章　邻近既有线箱梁架设施工组织管理

高速铁路常用跨度简支箱梁，重 900 t 左右，邻近既有线架设时受线路坡度、运架环境复杂影响，安全风险大。因此，在施工组织、工期安排、梁场设置等方面，要结合既有线运营状况来安排。本章结合津保铁路邻近既有线箱梁架设施工组织案例，介绍箱梁架设需考虑的主要问题以及施工组织实施安排。

第一节　工 程 概 况

津保铁路正线起自天津西站，途径天津、廊坊、保定三市，终点为京广铁路保定站，正线长度 158 km。项目于 2010 年 9 月开工建设，2015 年 12 月底建成开通。

一、邻近既有线情况

津保铁路子牙河特大桥 233～103 号墩邻近京沪等既有线。233～158 号墩并行京沪铁路上行线；158～152 号墩并行京沪上行线同时上跨杨柳青电厂专线；146～145 号墩上跨京沪高速铁路；127～126 号墩上跨京沪高速铁路京津北联络上行线。如图 9-1、图 9-2 所示。

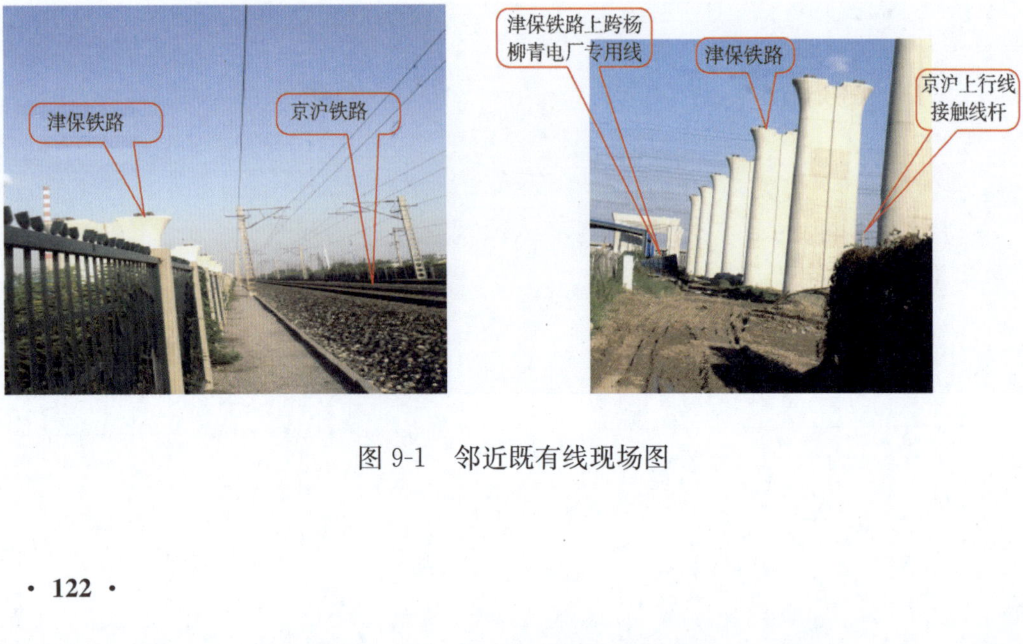

图 9-1　邻近既有线现场图

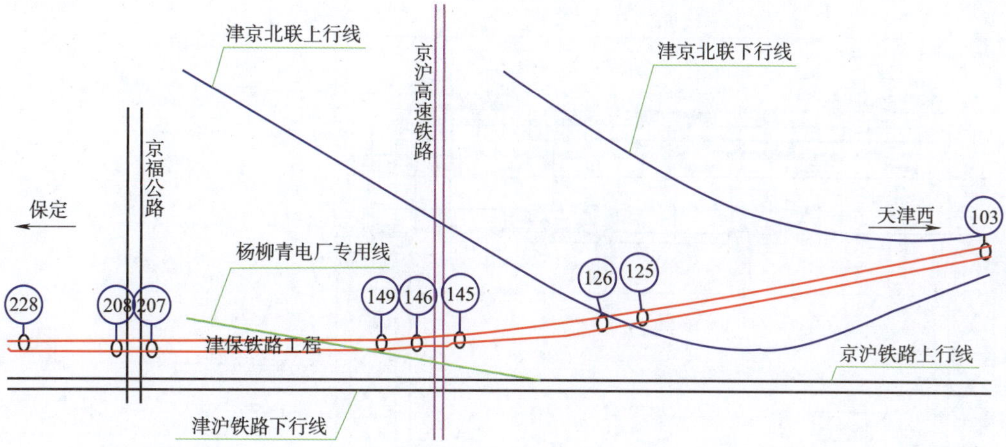

图 9-2　邻近既有线位置示意图

二、箱梁运输情况

子牙河特大桥架梁所需箱梁由杨芬港梁场供应。一是运距远，至既有线京沪铁路运距为 12.8～15.8 km，架梁最远运距为 17.2 km。二是运梁时间长，运梁台车负重运行速度为 3 km/h，空载运行速度为 5 km/h，因此运梁台车往返一次约需 10.5 h。

三、工期安排

子牙河特大桥架梁 120 孔，架梁要求平均进度每天 2 孔，方可满足工期要求。

第二节　架梁施工方案

一、架梁施工与既有铁路位置关系

(1)233～158 号墩并行京沪铁路上行线。

架桥机外轮廓线距接触网回流线水平距离：233～229 号墩 4 孔为 5～10 m；229～222 号墩 7 孔小于 5 m(图 9-3)；222～164 号墩 59 孔侵入回流线内，侵入最大值为－1.56 m(图 9-4)；164～158 号墩 6 孔小于 5 m。架桥机外轮廓线距回流线垂直距离均大于 4.5 m。

(2)158～152 号墩 6 孔上跨杨柳青电厂专线且邻近京沪上行线。

(3)146～145 号墩(连续梁)上跨京沪高速铁路。

(4)127～124 号墩(连续梁)上跨京津北联络上行线。

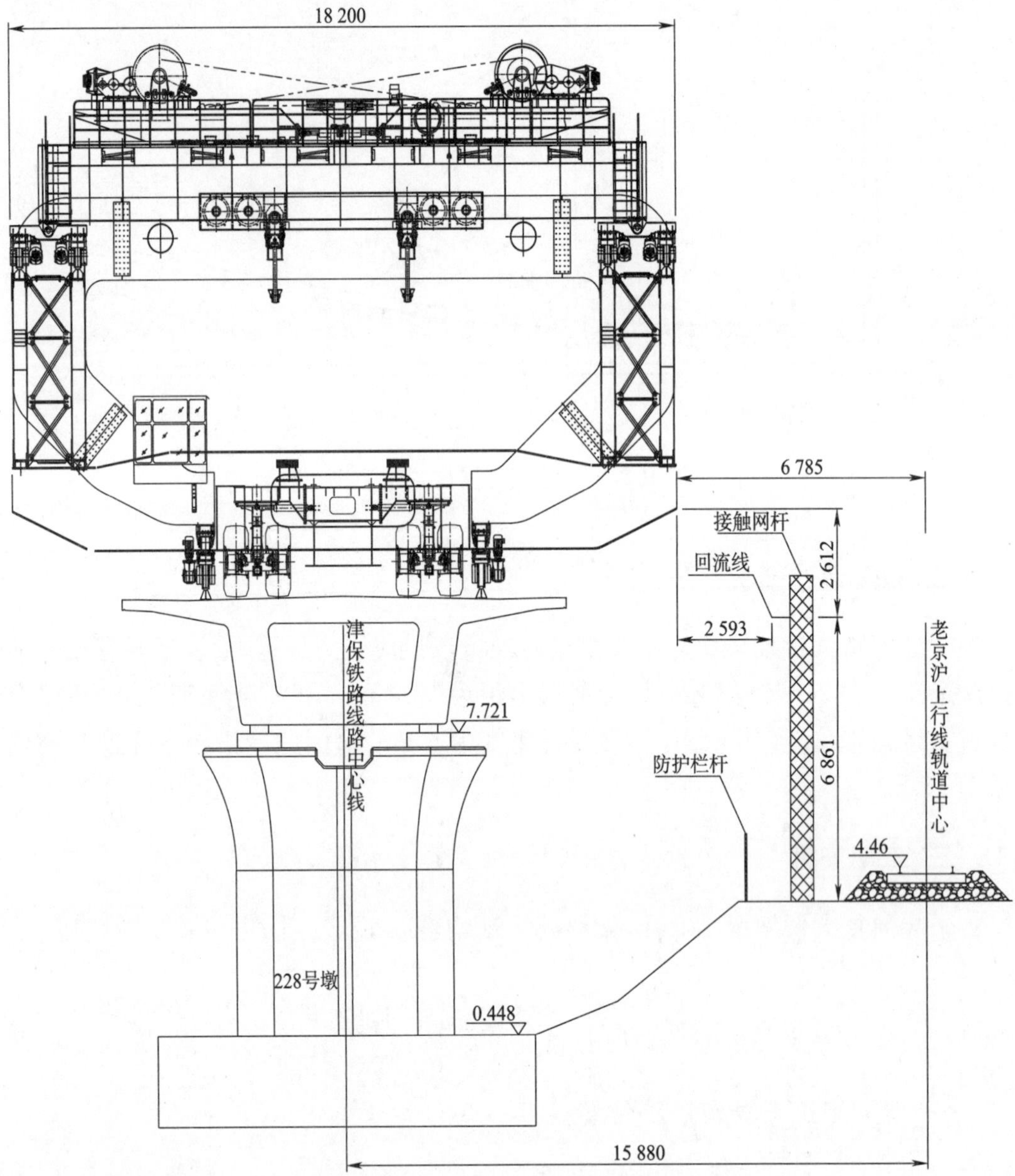

说明：

1.本图除标高以m计外，其余尺寸均以mm计。

2.228号墩处距离老京沪铁路接触网线杆外侧水平距离及净空高度均大于2 m，228号墩往大里程方向不属于邻近既有线架梁施工。

图 9-3　228 号墩既有线架梁施工横断面图

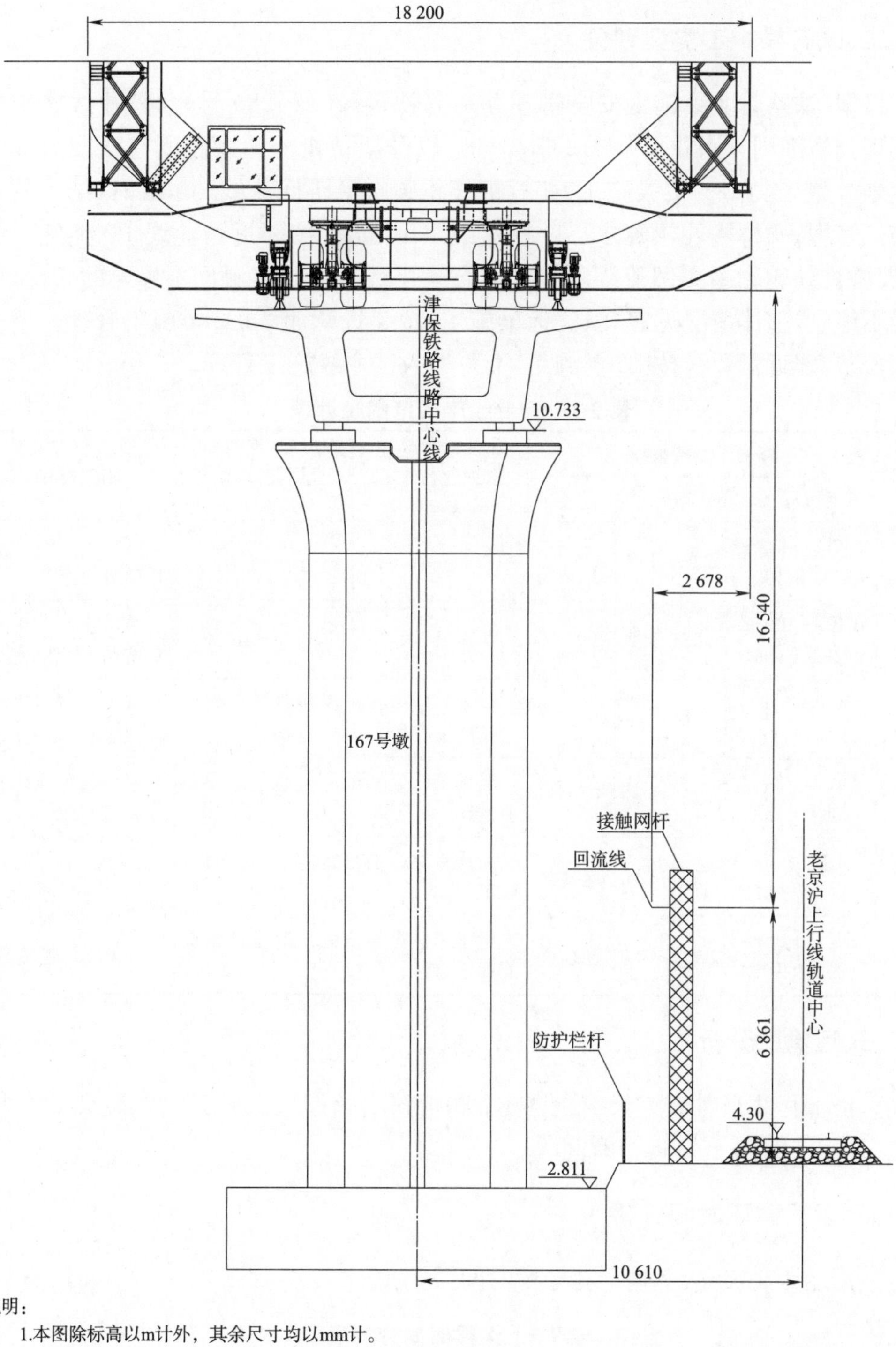

说明：

1.本图除标高以m计外，其余尺寸均以mm计。

2.167号墩处距离老京沪铁路接触网线杆外侧水平距离理论2.678 m，净空高差16.54 m，方案为邻近既有线架梁施工。

图 9-4　167 号墩既有线架梁施工横断面图

二、既有线施工类型划分

根据《铁路营业线施工安全管理办法》(铁运〔2012〕280 号)、《营业线施工安全管理实施细则》(京铁师〔2012〕755 号),以及架桥机外轮廓距既有线回流线的距离划分施工类型。架梁施工:架桥机外轮廓水平距回流线≤5 m 时,纳入营业线施工管理;架桥机外轮廓水平距回流线>5 m 时,按邻近营业线 B2 类施工管理;架桥机外轮廓距离回流线垂直投影均>4.5 m,满足接触网不停电的条件,供电臂不停电,整体情况见表 9-1。运梁施工:按邻近营业线 B2 类施工管理。桥面栏杆安装:邻近营业线按 B2 类施工,上跨纳入营业线施工管理。

表 9-1　营业线施工范围统计表

序号	跨子牙河特大桥			津保墩中心至京沪上行中心水平距(m)	架桥机外轮廓至回流线水平距离(m)	施工类别
	里程	墩号	孔数			
1	DK11+442～DK9+109	230～158	72	17.11～16.46	4.29～－1.56	京沪上行封锁点Ⅱ级架梁施工
2	DK9+109～DK8+989	158～152	6	22.56～16.46	10.39～4.29	京沪上行与电厂专线封闭点架梁施工
3	DK11+514～DK8+909	233～149	84	运梁车驮运架桥返回梁场影响京沪铁路上行线		京沪上行封锁点进行运输
4	DK8+786～DK8+753	146～145	1	运梁车驮运架桥往返通过京沪高速铁路		京沪天窗点内进行运输
5	DK146+5～DK145+872	127～124	连续梁	跨津京北联上行线连续梁桥面系施工		天窗点内施工
6	DK146+5～DK145+872	127～124	连续梁	运梁车驮运架桥机往返通过津京北联上行线		天窗点内运输

三、运输图分析

京沪上行线当时施工天窗是图定 120 min,下午 15:20～17:20、凌晨 0:00～0:30、1:30～2:10 列车运行有间隔。

四、运梁循环时间分析

按照运距 16 km,运输 1 孔箱梁时间需要 10.5 h,见表 9-2。

表 9-2　运梁时间分析表

序号	项　目	时间(h)	备　注
1	箱梁装车	1	
2	重车运输及提梁	5.5	

续上表

序号	项 目	时间(h)	备 注
3	空车返回梁场	4	
合计	运输1孔	10.5	一个循环

五、架桥机作业工序分析

架梁采用SH900型架桥机，主要部件构成是主梁、1号支腿、2号支腿、3号支腿、4号支腿、桥面专用走道、起重天车、电控及动力系统、液压系统等。

箱梁架设两个主要工序是过跨、架梁。过跨工序为：支腿顶起，1号支腿悬空，2、3号支腿同步走到位后，垫1号支腿，2号支腿落下，架桥机就位。架梁工序为：运梁车进仓，4号支腿翻转支垫受力，两天车穿吊点同步提梁，行走至前跨后落梁就位。

1. 过孔步骤及安全分析

步骤1：箱梁精确定位后，解除天车吊具。如图9-5所示。

安全性分析：1、2、3号支腿支撑稳定，安全有保障，可以在点外实施。

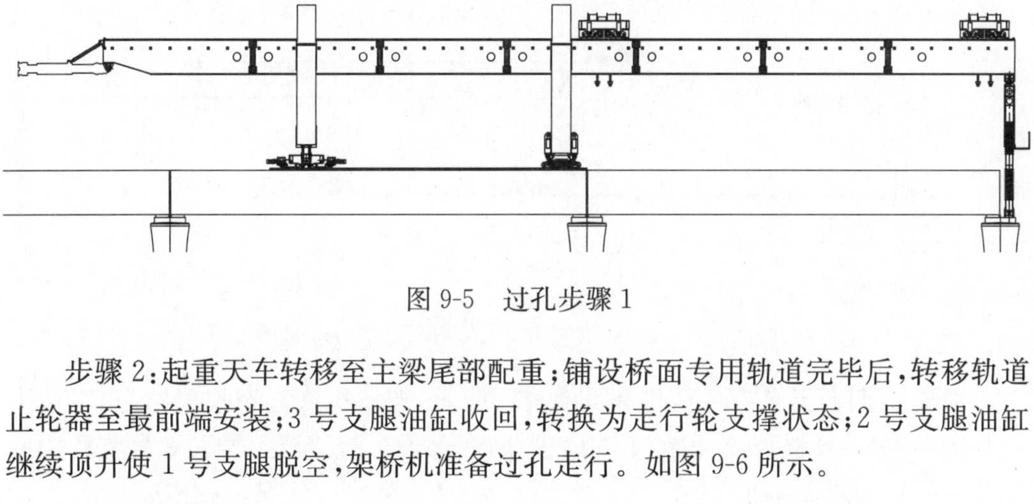

图9-5　过孔步骤1

步骤2：起重天车转移至主梁尾部配重；铺设桥面专用轨道完毕后，转移轨道止轮器至最前端安装；3号支腿油缸收回，转换为走行轮支撑状态；2号支腿油缸继续顶升使1号支腿脱空，架桥机准备过孔走行。如图9-6所示。

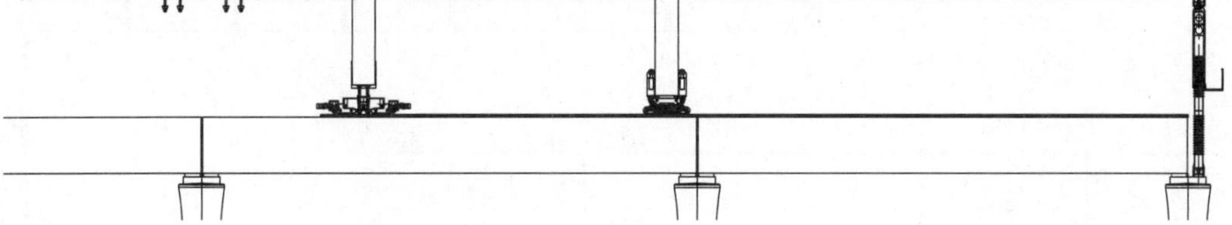

图9-6　过孔步骤2

安全性分析：铺设桥面专用轨以及止轮器安装在桥面上进行，起重天车在主梁上移动，没有破坏支撑稳定性，安全也有保证，3 号支腿转换以及 2 号支腿顶升，1 号支腿脱空，每个动作都有其他两个支腿在支撑，且 1 号支腿脱空距离小，安全均有保证，可以在点外进行。

步骤 3：架桥机悬臂过跨，1、2 号支腿走行同步前行。如图 9-7 所示。

安全分析：此时虽有 2、3 号支腿支撑，同时也有天车做配重起平衡作用，但由于 2、3 号支腿均在运行中，有一定的安全风险，需要点封锁线路进行施工。

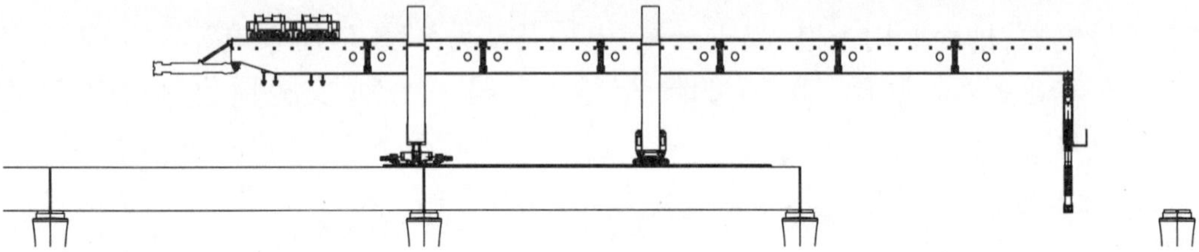

图 9-7 过孔步骤 3

步骤 4：架桥机走行 1 孔到位，1 号支腿支承于前墩墩顶。如图 9-8 所示。

安全分析：1、2、3 号支腿均支撑到位，没有移动，安全有保证，点外施工。

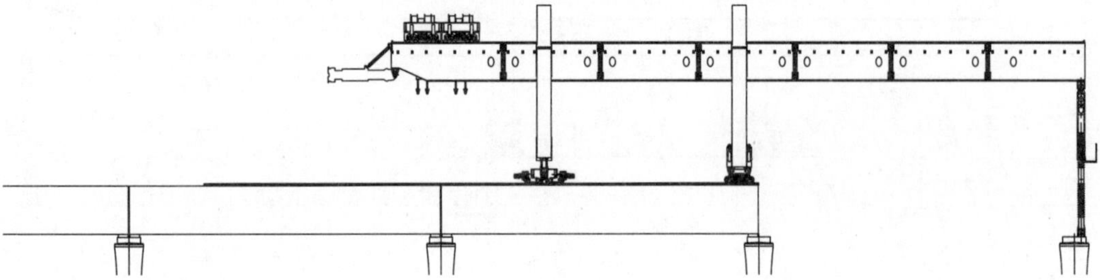

图 9-8 过孔步骤 4

步骤 5：两台天车走行至前跨跨中附近配重，架桥机恢复至喂梁状态，准备下一跨施工（为 4 号腿翻转、运梁车喂梁进仓，两台天车前移至 1 号和 2 号支腿中间配重），具体如图 9-9 所示。

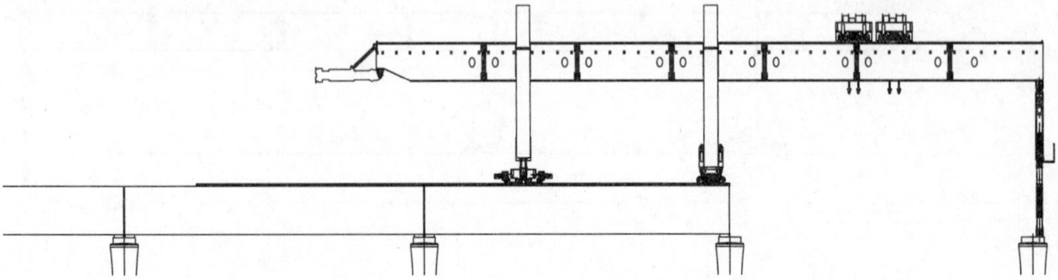

图 9-9 过孔步骤 5

安全性分析:3 个支腿支撑稳定,天车在主梁上移动,没有破坏稳定基础,安全有保证,可以在点外进行。

架桥机过孔工序时间见表 9-3。

表 9-3　过孔工序时间表

序号	工作项目	工作内容及过程	耗　时(min)	合计耗时(min)	施工分类
1	解除天车	解除天车、吊具;卷扬机起钩	10	84	邻近
2	过跨前准备	起重天车转移至主梁尾部配重;铺设桥面专用轨道;3 号支腿油缸收回,转换为走行轮支撑状态;2 号支腿油缸顶升使 1 号支腿脱空,架桥机具备走行条件	40		邻近
3	架桥机走行过跨	行走距离 32.7 m 至前一跨墩顶,架桥走行时速控制在 4 m/min	15		封锁点内
4	前支腿加固	前支腿对位、抄垫、支撑检查	14		封锁点内
5	喂梁前准备	两台天车走行至 1 号、2 号支腿之间配重,架桥机恢复喂梁状态	5		邻近

2. 架梁步骤及安全分析

步骤 1:运梁车喂梁,如图 9-10 所示。

安全性分析:运梁车在桥面移动,没有破坏架桥机支撑稳定性,安全有保证,可以在点外进行。

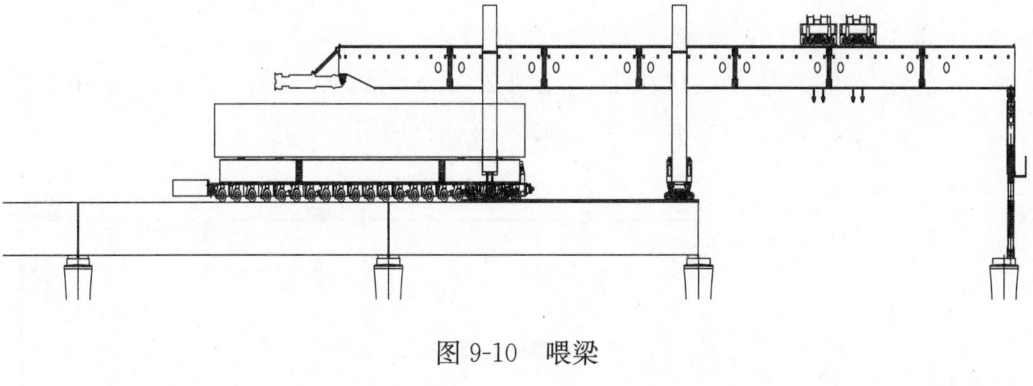

图 9-10　喂梁

步骤 2:运梁车喂梁到位,4 号支腿关闭并支撑在桥面上,两天车从前跨走行至提梁位置,前后同时安装吊具后,同步提梁。如图 9-11 所示。

安全性分析:1、2、3、4 号支腿支撑,天车移动并提梁,没有产生横向的力,支撑稳定,安全性有保障,点外进行。

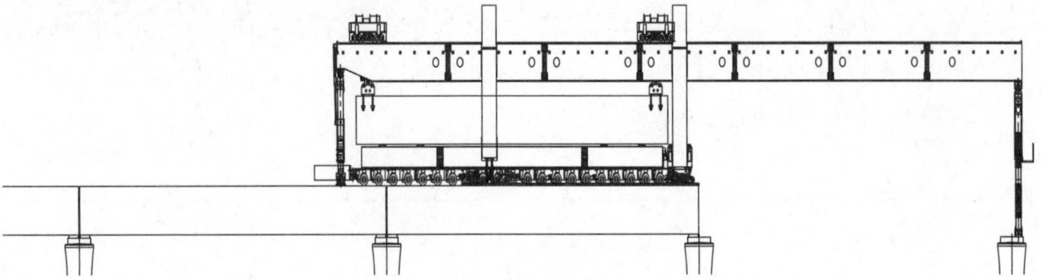

图 9-11　提梁

步骤 3:两天车同步提梁走行至前跨,4 号支腿旋转开启,运梁车返回梁场运梁,如图 9-12 所示。

安全性分析:1、2、3 号支腿支撑稳定,但由于天车提梁同步移动,移动的速度、同步一致等控制因素多,产生动能和纵向的力,对支腿支撑稳定构成一定的不确定性,需在点内进行。

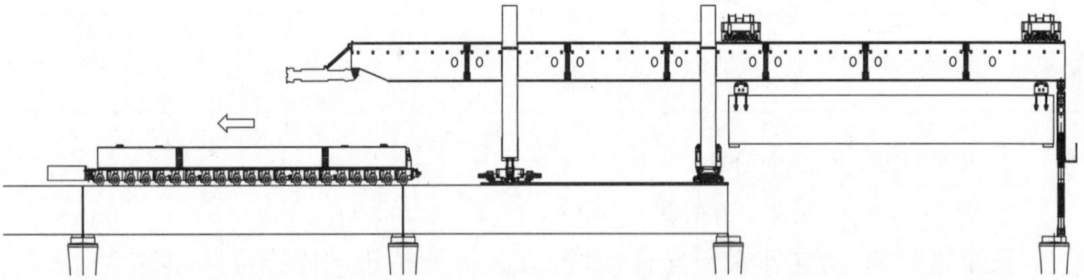

图 9-12　吊运梁

步骤 4:两天车同步落梁。如图 9-13 所示。

安全性分析:在落梁的过程中,由于 1、2 号支腿间只有墩顶支撑梁体,吊具以及同步下落的过程中,移动有不确定因素,需在点内进行。

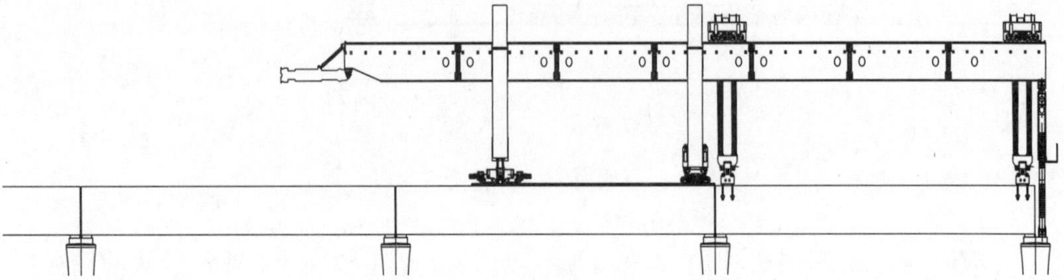

图 9-13　落梁

架桥机架梁工序时间见表 9-4。

表 9-4 架梁工序时间表

序号	工作项目	工作内容及过程	耗 时(min)	合计耗时(min)	施工分类
1	运梁车喂梁	运梁车喂梁至距离架桥机 2 号支腿 15 cm 处,走行距离 50 m	3	213	点外邻近
2	4 号支腿支撑	4 号支腿关闭并支撑	8		点外邻近
3	架桥机提梁	前后天车移至提梁吊点处,安装吊具提升,具备走行条件	30		点外邻近
4	提梁过跨	两台天车同步提梁走行 34 m,此时 4 号支腿旋转开启,运梁车出仓,具备落梁条件	17		点内
5	落梁	两台天车同步落梁,落梁速度 0.5 m/min,落梁高度为 5 m,精确对位	15		点内
6	安装支座锚杆	共安装 16 个锚杆	6		点内
7	灌浆	支座砂浆搅拌、灌注	14		点外邻近
8	等支座砂浆强度		120		

六、既有线架梁要素分析

(1)架梁进度指标:在保证营业线及架梁安全,运输提供运架梁条件下,每天架梁 2 孔。

(2)架梁、运梁关键工序分析:从过孔、架梁工序分析,过孔开始到落梁精确落位,需要封锁用时 113 min;运梁 1 孔循环时间需要 10.5 h。

(3)京沪上行线运输列车间隔情况:京沪上行线当时施工天窗是图定 120 min,下午 15:20～17:20、凌晨 0:00～0:30、1:30～2:10 列车运行有间隔。

(4)按照运梁用时分析,每日架设 2 孔箱梁,需要至少间隔 10.5 h,且满足再架设所需封锁京沪上行线时间 113 min。

从京沪铁路运行图分析,不满足这个条件。若是为满足架梁施工需求进行运输调整则导致:一是架梁时间长,需要两个月的运输调整,且施工不受节假日、调整日的限制;二是京沪线客车密度大,需要调整的车次太多,对运输干扰太大。因此运输调整方案基本不可行。

因此,为满足每天 2 孔的施组架梁要求,需要从运输及工程措施上来进行优化。

七、方案优化

1. 架梁工序优化

以保证邻近营业线架梁安全为出发点,充分利用京沪铁路列车运行间隔。进一步优化要点计划，将大臂过孔及提梁过跨、落梁纳入营业线要点施工，其余工序在点外进行。同时对作业时间进行写实验证：过孔 30 min；提梁过跨、落梁、安装支座锚杆 40 min；中间间隔 60 min 进行喂梁准备等步骤（不纳入要点施工）。

2. 关键工序写实分析

（1）架桥机过跨模拟 18 次，30 min 以内完成的占 15 次，超时的占 3 次，实现率 83%。

（2）架桥机提梁模拟 20 次，40 min 以内完成的占 15 次，超时的占 5 次，实现率 75%。从写实统计分析来看，架桥机提梁过跨走行时间在 20 min 以内，用时在合理范畴，超时的原因在落梁上，由于在落梁过程中只有重力和牵引力，没有纵向和横向的力，安全可控，可以在时限内完成。通过写实分析验证，架桥机过跨、提梁过跨分别用时 30、40 min，方案可行。

3. 营业线可满足的条件

运行图分析：15:10～15:40、16:40～17:20，0:00～0:30、1:30～2:10 有列车间隔，满足过孔、架梁所需的 30 min、40 min 并间隔 60 min 的条件。

差异：架设两孔间隔的时间 7 h 40 min，与现状运距所用时间 10 h 30 min 差距较大，需要优化运梁方案。

4. 运梁方案优化

为缩短运梁时间，采取增设提梁中转站、由 2 台运梁车接力运梁的方案。在充分考虑减少征地、便于机械设备运输进场安装、满足既有线箱梁架设时限等要素，在子牙河特大桥 264～262 号墩新增加 2 台 450 t 提梁机作为箱梁运输中转站，如图 9-14 所示。同时在梁场新增一台 DCM900 运梁台车。

图 9-14　接力提梁站

增加提梁站和 1 台运梁台车，形成两台运梁台车通过提梁站完成接力运输作业，缩短了运梁车运输距离，满足京沪上行线列车间隔 7 h 40 min 的时限（表 9-5），为每天要点封锁线路 4 次,完成架设 2 孔箱梁任务,创造了条件。总体布局如图 9-15 所示。

表 9-5　增加提梁站后运梁用时分析

序号	项　　目	工期(h)	备　　注
1	箱梁装车	1	
2	第一台重车运输	3.5	
3	提梁机提梁换车	0.5	
4	第一台空车返回梁场	2.5	
合计	第一台运梁车运输 1 孔	7.5	一个循环
1	提梁机装车	0.5	装第二台车
2	第二台运梁车重车运输	1.5	不占用架梁主线时间
3	架桥机提梁	0.5	(不含等待架桥机时间)
4	第二台运梁车回空至提梁站	1	
合计	第二台运梁车运输 1 孔	3.5	一个循环

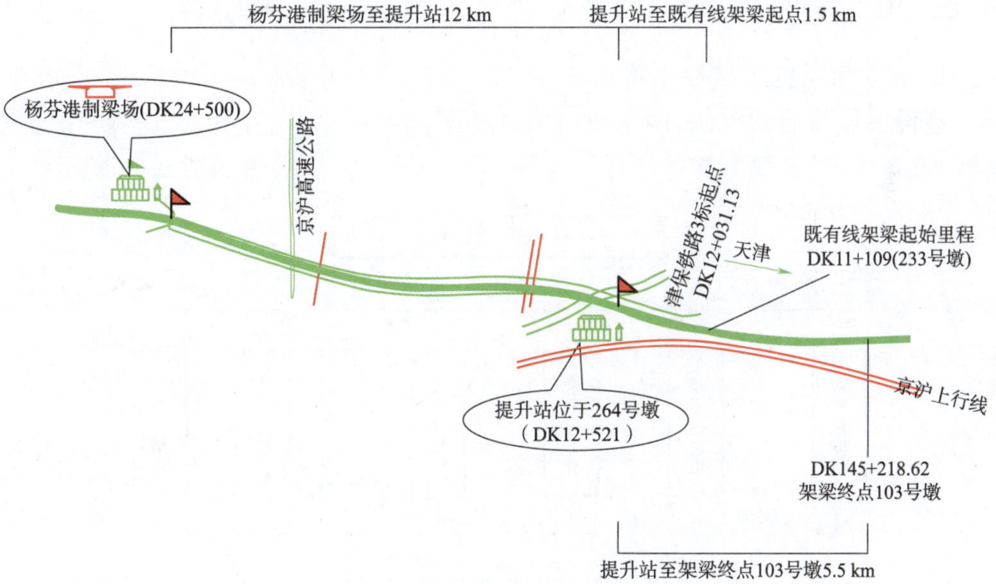

图 9-15　运提梁接力运输布置图

八、桥面系工序优化

为减少邻近营业线要点施工安全风险,通过荷载检算后,桥面系遮板安装、A 竖墙等邻近营业线施工工程提前在梁场内完成,如图 9-16 所示。

图 9-16　梁场内提前安装遮板

第三节　施工组织安排

一、组织保障

1. 成立架梁施工领导小组

建设单位与运营单位、施工单位成立架梁施工领导小组，负责方案研究、计划落实、设备保障、现场盯控等工作。架梁施工领导小组机构图如图 9-17 所示。

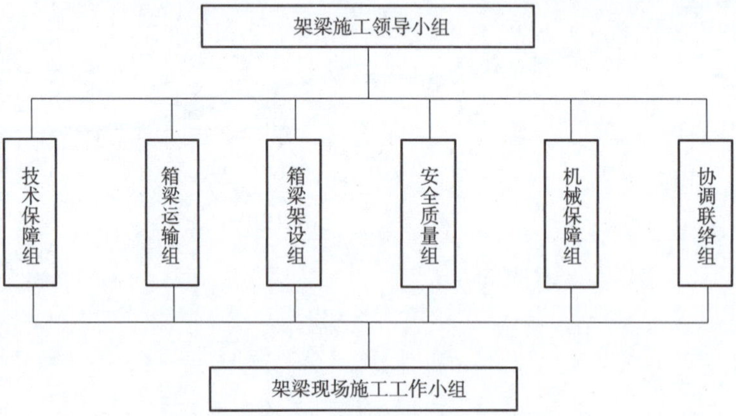

图 9-17　架梁领导小组机构图

2. 架梁施工现场指挥组织机构

架梁施工现场指挥组织机构如图 9-18 所示。

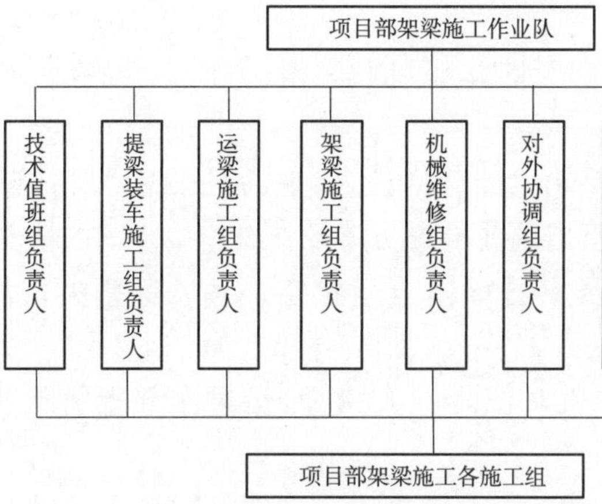

图 9-18　架梁施工现场指挥组织机构图

二、设备保障

提、运、架设备长时间不间断作业，使用频率高，工作时间长，任何一台出现故障直接导致架梁施工的停滞，因此必须加强对提梁机、运梁车、架桥机等大型设备的保养及维修工作。

重点做好以下保养维修：一是部件润滑，如吊钩滑轮组、钢丝绳、卷扬机下棘轮销轴、卷扬机被动端轴承、起重小车车轮组轴承、大车车轮组轴承等部件；二是钢丝绳维护，如每周对钢丝绳润滑 1 次，随时检查钢丝绳状况，发现问题立即处理或更新；三是结构件检查，如检查结构件焊缝、螺栓螺母紧固状态，清洁发动机的燃烧空气过滤器等；四是电气组件检查，如电瓶主开关调至零位、断开电气线路连接件等要逐一检查，维修后按照规定连好组件线路，组件重新接通等；五是液压装置维修，如专业人员维修检查线路、管道和螺栓连接件的紧密性等。

三、过程控制及安全防护

1. 总体控制

(1)作业人员：施工前进行技术培训考试；特种设备作业持证上岗；进入现场佩戴安全帽，高空作业系安全带，穿防滑鞋；严格执行所有安全措施及安全警示；听从指挥，现场指挥信号统一，岗位分工明确；无关人员不得进入施工现场，禁止随意抛掷物品。

(2)作业设备：检查设备完好状态，避免设备带病工作；执行工序检查签认制度，做到一步一检查，一步一签认；如实填写交接班记录、运转记录、维修记录；做好架桥机架梁作业过程检查签证表、架桥机过孔检查签证表、架桥机架梁检查签证表的填定确认工作。

2. 架梁控制

(1)检查工作:常规检查(油、水、电、紧固、润滑、方向、制动等),通信信号、道路状况的检查等。

(2)装运梁:核对待架成品箱梁的合格证、外观、梁长、编号等;装梁时检查各支点对位、中线位置偏差情况;启动前检查支座及支撑连接坚固的情况;运梁中不得高挡位急起急停,监护人员察看梁体装运状态。大风等恶劣条件停止运梁作业。

(3)对位:运梁车与架桥机对位时专人指挥,运梁车与架桥机中心线对位检查。

(4)喂梁:检查轮胎在梁上位置,车架、梁体与架桥机的支腿位置。

(5)落梁就位:检查吊梁桁车上的卷扬机、制动器的工况;重点检查下落梁体位置,不得碰撞架桥机前支腿和已架设箱梁(前支腿处专人看护);箱梁就位前调整好箱梁纵横向的高差;箱梁横移时禁止连续起停动作;在吊移、起落梁时,在重物下不得有人;风力超过 6 级时,停止作业,并采取相对应保护措施;墩台顶面装好围栏,四周设置安全网。

(6)架桥机过孔:专人观察架桥机悬臂运行、中后车走行状态。

(7)架桥机变跨:专人负责瞭望监护,作业人员系好安全带,听从监护及指挥人员的指挥。在相应变跨节点位置设立作业平台,安全可靠,作业平台不得与拆除的部件相联系。

3. 提梁装车控制

检查、紧固、润滑各部位。机械运转时,检查机械各部的运转及仪表指示信号。电器设备由专职电工进行作业维修,修理前切断电源,并挂上"禁止合闸"牌或派人守闸,严防误送电。电源电压与电器设备额定电压相同,所有用电设备在线路上安装合格的触电保安器。钢结构采取保护接零及雷电防感应装置。

4. 现场安全防护措施

(1)架梁过程中高空坠物、抛物防护

装梁前清理箱梁外表面以及腹腔内的杂物及易于漂浮物,清除箱梁外表面松动混凝土、水泥浮浆块、钢筋头、材料包袋等。小型工机具均存放在指定的工具箱内,摆放在桥梁左侧,并与箱梁预埋钢筋固定;材料机具要放平稳牢固,工完料净。现场作业人员严禁坐在高处无遮拦处休息,禁止在桥梁上来回穿行。

(2)现场易漂浮物防护

专人负责重点监督,现场安全员收集、存放现场灌浆所用的砂浆袋、小型包装袋,现场禁止随意丢弃,避免飘入空中,施工完毕后立即带离现场。

5. 恶劣气候施工的保证措施

(1)五级风不过孔,六级风不架梁。

(2)五级以上大风等恶劣条件下,禁止运梁作业。

(3)架桥机与桥墩接地端子进行可靠连接,做好防雷措施。

四、架梁实施情况

津保铁路子牙河特大桥233～103号墩120孔梁架设,自2015年6月3日开始至8月13日架梁完成,历时72天。达到了每天架梁2孔的进度指标。

第四节　小　结

邻近既有线箱梁架设作业的前提是满足既有线运营的安全要求。在施工组织设计编制时,首先根据总工期安排以及技术经济性来确定梁场的架梁指标和设置规模。在技术经济合理的前提下,尽量减少对运营的影响,减小梁场规模。

在架梁指标确定的条件下,通过分解作业工序以及安全性影响分析,明确要点施工和点外施工的工序。尽量维持既有铁路正常运输秩序。通过计算不同工序的施工时间,合理确定拟采取的工程措施,如通过增设提梁站、运梁台车接力运输等,来保证架梁施工有序可控、关键环节点内完成,保证安全和工期。同时,减少要点施工环节,降低营业线施工安全风险,在梁场内施工部分桥面系,随箱梁一并架设。当以上措施还不能满足施工要求时,再适当调整运输组织。

在方案的制定和实施过程中,建设单位与运营单位以及施工等参建单位要密切配合,共同研究,制定可行的要点施工方案,保证正常运输秩序;同时进行安全性分析,加强安全防护措施、大型设备检查保养,强化各级盯控措施,保证施工和运营安全。

第十章　邻近既有线隧道施工组织管理

邻近既有线新建或扩建隧道施工，可采用机械开挖、控制爆破或机械开挖与控制爆破相结合的方法。机械开挖由于工效较低，一般适用于围岩破碎、软弱或距离既有线安全距离较近的隧道。一般隧道均采用控制爆破。控制爆破施工要点如下：

(1)邻近营业线范围界定。邻近营业线新建或扩建隧道，隧道爆破作业需在营业线天窗点内进行，根据类似工程经验确定，一定要科学合理。

(2)既有设备调查整治。爆破作业前，必须对爆破范围内营业线既有铁路设备状况进行调查，对一般问题进行标记，作为监控重点，对隧道二衬易掉块等严重的安全隐患提前整治。

(3)专项爆破设计及爆破试验。按照"短进尺、控药量"的原则进行爆破设计，首先进行爆破试验，监测营业线隧道振动速度，确保营业线隧道爆破振动速度在允许范围内。

(4)加强施工期间监控、检测。主要有爆破振动速度检测，异物侵限检测，隧道变形收敛、水平位移、轨道沉降监测等。

(5)加强安全管理。按营业线高风险工点管理，每次天窗点内爆破后，经现场检查并确认隧道、线路设备无变化后，方可办理线路开通手续。

本章以福平铁路苔井山隧道和新鼓山隧道控制爆破为案例，介绍邻近既有线新建隧道的爆破方案与施工组织。

第一节　工 程 概 况

福平铁路苔井山隧道和新鼓山隧道邻近既有杭深铁路，杭深线为Ⅰ级铁路，运营速度 200 km/h，2009 年建成开通。福平铁路新苔井山隧道全长 2 295 m，右线并行既有福州联络线苔井山隧道(图 10-1)，与既有隧道水平净距为 8.4～30 m(图 10-2)，其中Ⅳ级围岩 310 m、Ⅴ级围岩 1 985 m，风化花岗岩，岩石坚硬，节理发育。

新鼓山隧道全长 8 199 m，设计为单洞双线隧道，隧道出口 3 次上跨既有铁路福州联络线鼓山 3 号、2 号、1 号隧道(图 10-3)，垂直净距分别为 15 m、23.33 m、

28.87 m(图 10-4),其中上跨交叉段出口路基 70 m,Ⅱ级围岩 100 m,Ⅲ级围岩 100 m,地质为花岗岩。

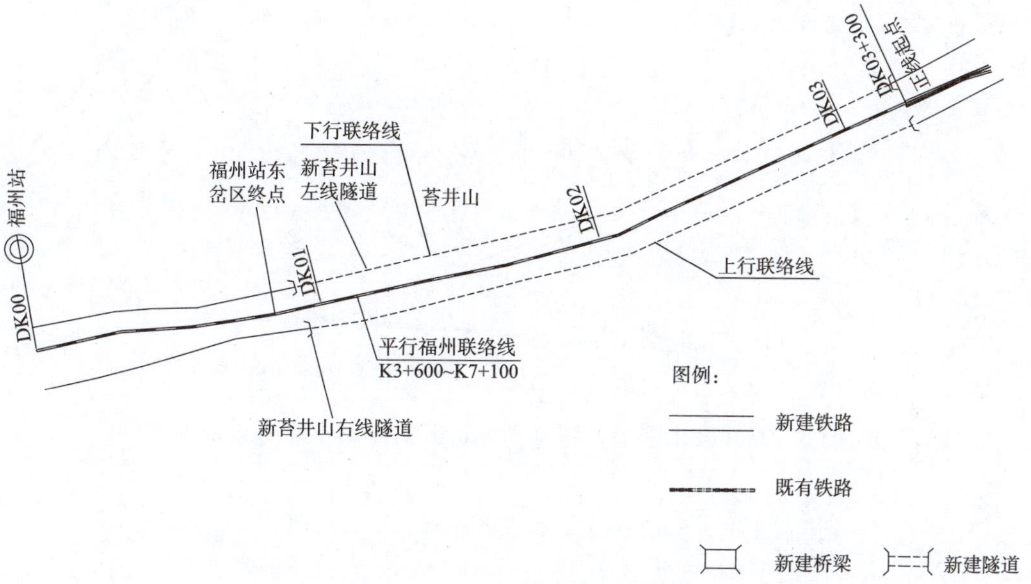

图 10-1　新苔井山左右线隧道与既有隧道平面关系图

图 10-2　新苔井山左右线隧道与既有隧道断面关系图

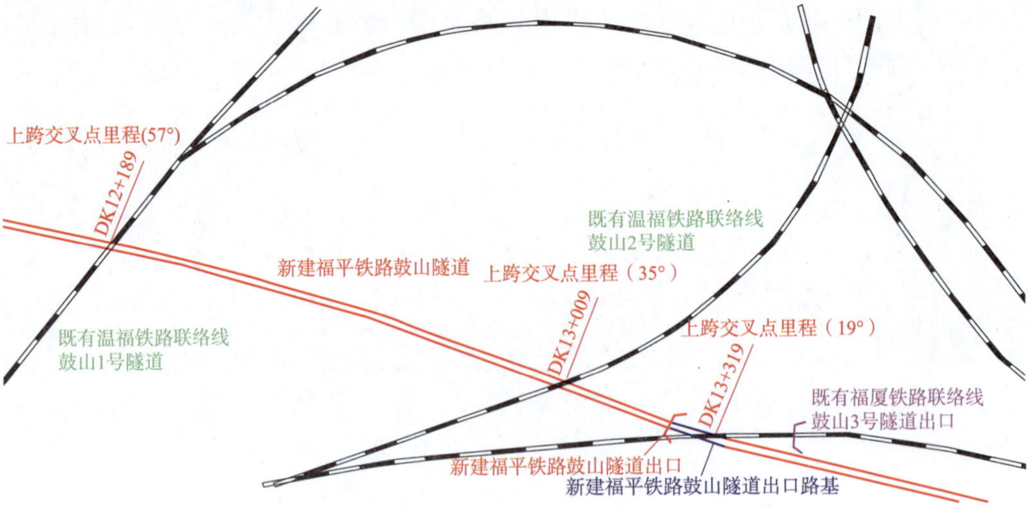

图 10-3　新建鼓山隧道及路基与邻近既有铁路平面关系示意图

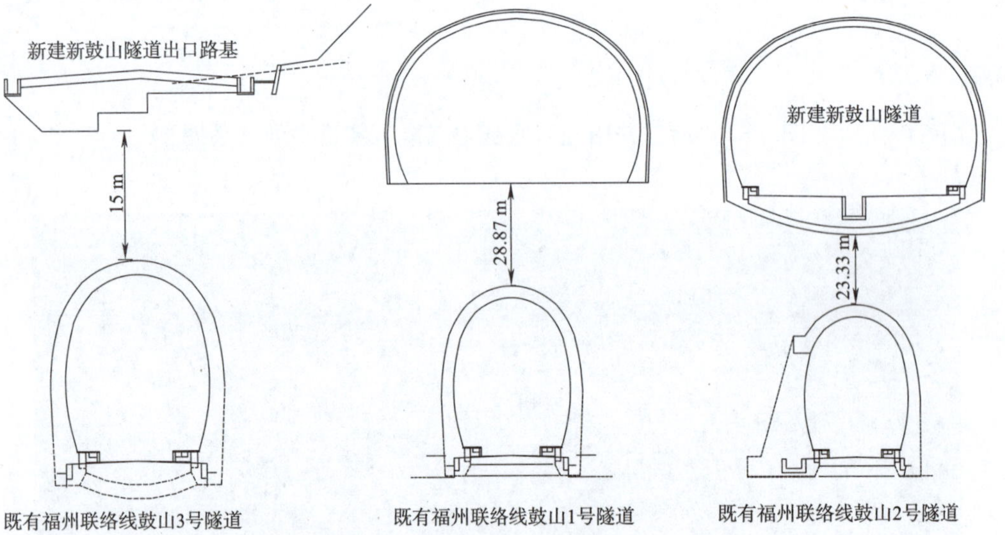

图 10-4　既有福州铁路联络线鼓山 1、2、3 号隧道交叉示意图

第二节　施工组织安排

一、既有设备调查整治

结合设计图现场核对、放样，确定爆破施工范围及对应的营业线里程，调查营业线范围既有铁路设备状况，由建设单位牵头，设计、施工、监理、监测、设备管理单位共同参加，采用人工检查、调阅工务设备台账等，结合地质雷达检测的方式，

对邻近的既有隧道状态进行调查确认，对一般问题采用油漆标识进行标记，并建立照片、文字台账，作为监控重点，对隧道二衬易掉块等严重安全隐患提前整治。如图10-5所示。

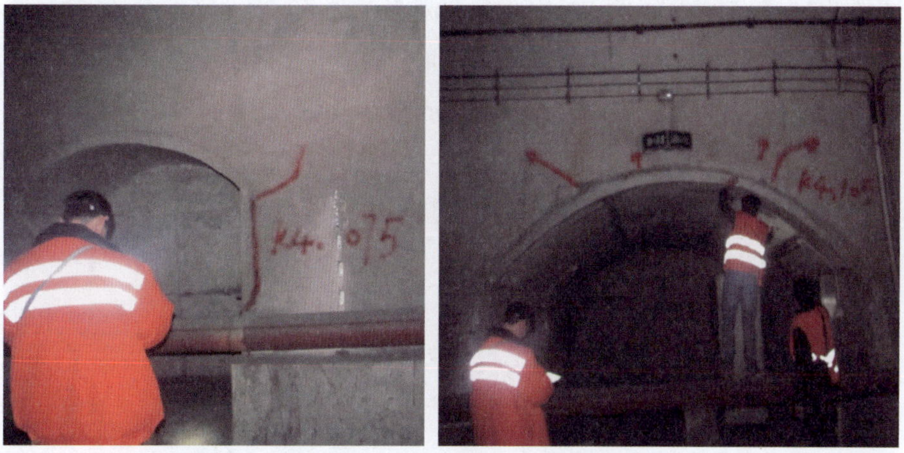

图10-5　设备调查及标识图

二、施工方案编制与评估

施工方案主要包括：爆破专项方案、爆破监测方案和安全评估方案，并严格施工方案审查及计划申报。

1. 爆破专项方案

按照《爆破安全规程》(GB 6722—2014)对爆破振动速度安全允许值要求，结合既有隧道衬砌质量状况，考虑铁路运营安全要求，将隧道结构振动安全允许值在规范要求基础上降低一级以上，选取爆破振动控制值，见表10-1。然后进行爆破设计，选择开挖工法，计算爆破总药量及最大一段单响药量，计算每段区域爆破参数和安全装药量，确定炮眼的布置、装药结构、药量、起爆网络纳入施工方案编制内容。

表10-1　不同类型建(构)筑物爆破振动控制值

序号	建(构)筑物类型	爆破振动容许值[V](cm/s)
1	隧道	3
2	轨道(路基)	5
3	桥梁	6
4	涵洞	6
5	通信、信号设备，接触网支柱基座	6

2. 监测、监控方案

根据既有设备调查结果，编制营业线路基和轨道的沉降、隧道衬砌的变形、爆破振动速度监测、监控方案。采用在离爆破点最近二衬衬砌拱腰部位安装振速测试仪测量爆破振动速度；采用 R485 激光测距和全站仪配合在既有线路内设置基准点，通过设置 n 个监测断面，共布设 $4\times n$ 个监测点，对路基和轨道的沉降、隧道衬砌的变形和收敛情况进行监测。主要采用的设备及监控功能见表 10-2。

表 10-2　主要监测内容及设备

序号	监测对象	监测内容	设　备	备　注
1	既有隧道结构	振动	爆破振速测试仪	爆破区域 100 m
2	既有隧道	异物侵限	异物侵限自动监测预警系统	安装反光片
3	隧道结构变形监测	轨道沉降	全站仪	安装反光片
4		收敛	全站仪	安装反光片
5		水平位移、沉降	全站仪	安装反光片
6		接触网吊杆	全站仪	安装反光片

3. 爆破安全评估

委托具有铁路安全评估及爆破安全评估资质的单位进行评估并出具安全评估报告，爆破评估主要对开挖爆破的施工工艺、工法、技术参数、安全技术、施工安全管理、安全存在问题等提供安全程度评估意见及完善措施。

三、施工方案审查

严格按照“施工单位自审、项目管理机构预审、铁路局各部门会审”三个关键环节组织审查。

1. 项目管理机构审查

项目管理机构组织施工、监理、设计、监测、评估及设备管理单位对施工方案和安全评估报告进行预审，施工单位根据预审意见，修改补充完善施工方案后向路局报审。

2. 运营单位审查

铁路局建设管理处组织各相关部门、设备管理单位召开施工方案会审会议，重点审查内容包括：控制爆破施工方案的安全性和合理性；营业线监测、监控方式、频次、控制值和数据报警传输方式；安全评估采用的控制取值是否合理；提出补充意见和措施等。

四、施工计划申报

预审、会审完成后，由施工单位将方案和会审记录报路局主管业务处室备案，并与相关设备管理单位签订安全协议，申报施工计划。施工计划申报流程如图 10-6 所示。

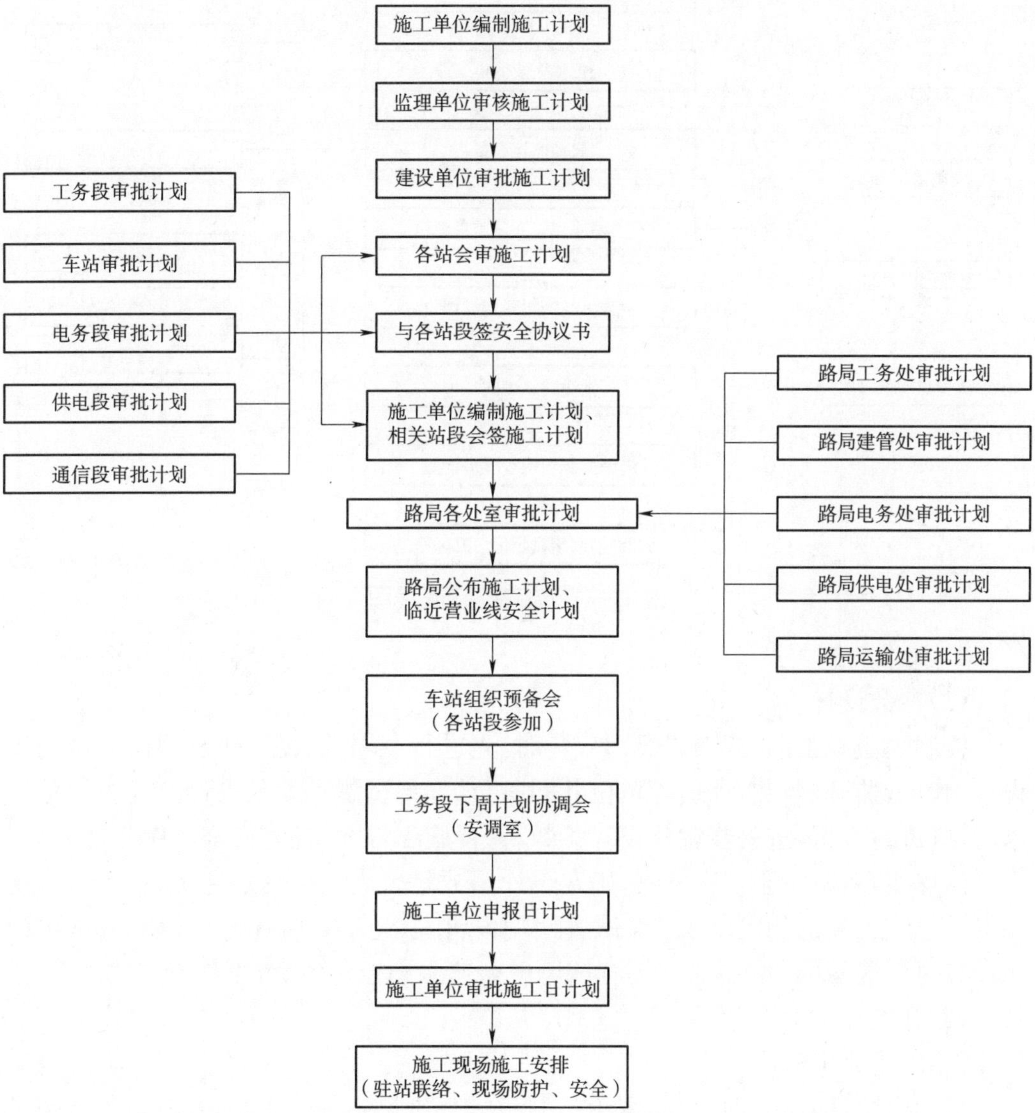

图 10-6　施工计划申报流程图

五、爆破作业实施

1. 爆破安全控制流程

爆破控制流程图如图 10-7 所示。

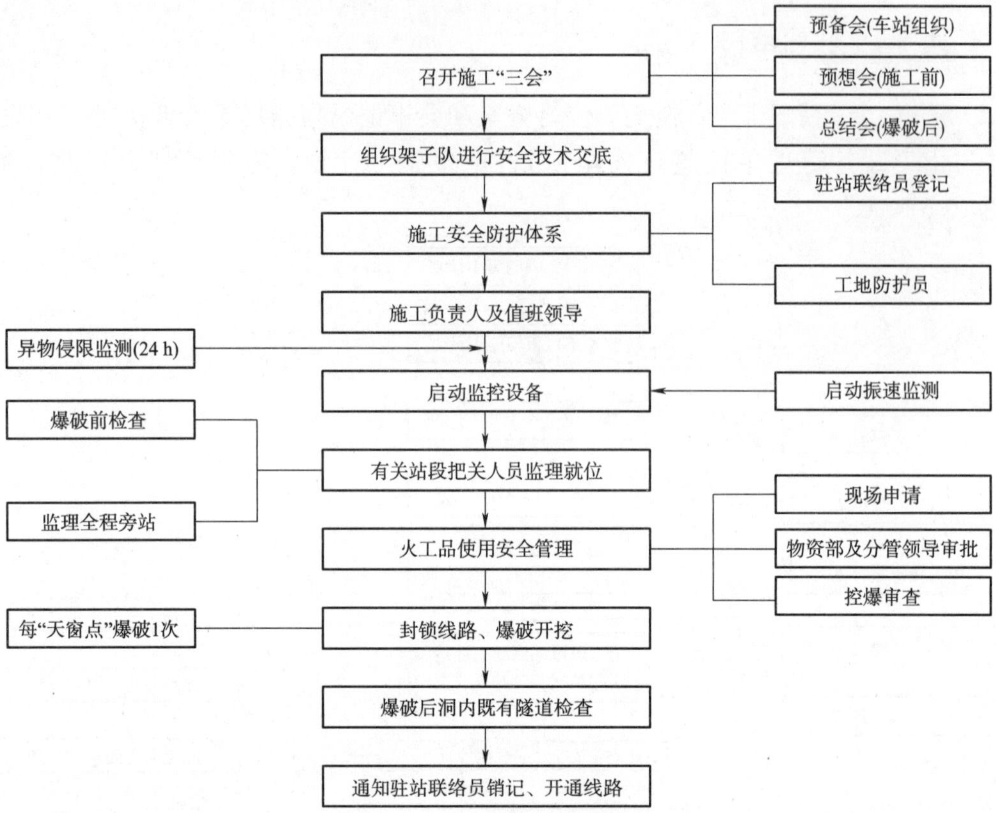

图 10-7　爆破控制流程图

2. 技术控制要点

(1)参数设计

控制爆破施工前，或围岩级别变化时，先进行试爆，试爆工作由建设单位组织设计、施工、监理、监测、评估等单位共同参与，如果试爆不满足设计及安全评估要求时，应进行分析，进一步调整设计参数，完善施工方案，补充安全评估意见。

试爆要点：不少于三次试爆，确定设计参数是否满足控爆条件，第一次试爆使用设计总装药量的 80%；第二次试爆使用设计总装药量的 100%；第三次试爆使用设计总装药量的 110%。试爆测试爆破振速未超控制值后，再进行正式施工。

(2)开挖方法

①Ⅱ、Ⅲ级围岩

采用台阶法开挖(图 10-8、图 10-9)，每循环进尺不超过 1.0 m，控制总装药量 34.2 kg 以内，最大单响药量 3.15 kg 以内，采用封锁天窗爆破。

②Ⅳ级围岩

采用短台阶法开挖，在掘进断面中布置掏槽孔、辅助孔、边孔、底孔等，循环进尺 0.8 m。控制总装药量 17.04 kg 以内，最大单响药量控制在 1.6 kg 以内，采用封锁天窗爆破。

图 10-8　上下台阶法示意图

图 10-9　三台阶法示意图

③Ⅴ级围岩

采用三台阶临时仰拱法并配合机械开挖，局部机械挖不动部位采用弱松动爆破开挖，每循环进尺 0.8 m，控制总装药量在 6 kg 以内，最大单响药量控制在 1 kg 以内，采用封锁天窗爆破。

(3)炮孔布置

在掘进断面中布置掏槽孔、辅助孔、周边孔、底孔等，如图 10-10 和图 10-11 所示。通过计算确定出三台阶炮孔数：第一台阶掏槽孔共 8 个，辅助孔 8 个，预裂孔 15 个，底孔 10 个，共 41 个；第二台阶一排孔 8 个、二排孔至五排孔各 9 个、预裂孔 14 个，共 58 个；第三台阶排孔 52 个、预裂孔 12 个、底孔 14 个共 78 个；台阶法炮孔数为 218 个。

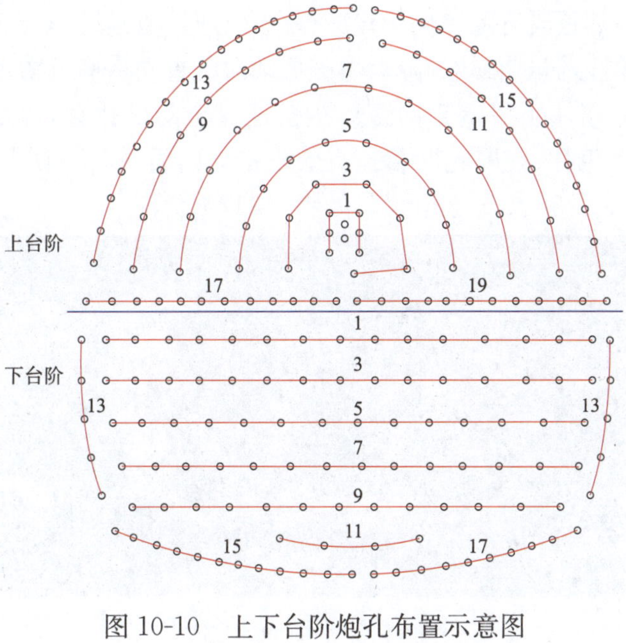

图 10-10　上下台阶炮孔布置示意图

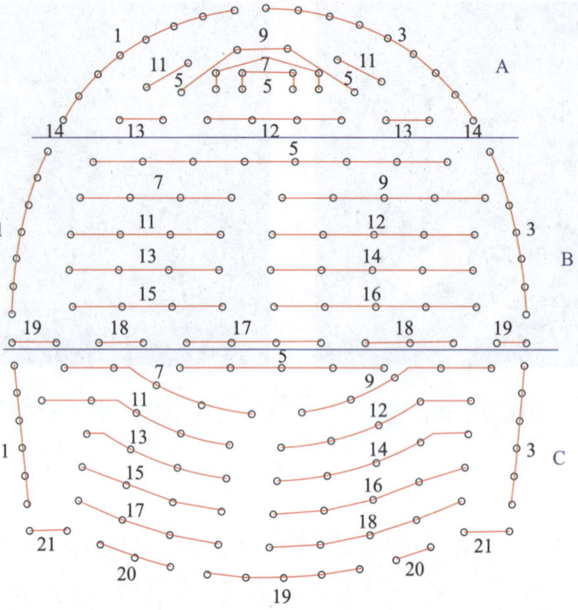

图 10-11　三台阶炮孔布置示意图

(4)装药结构及起爆网络

掏槽孔、辅助孔和周边预裂孔按设计装入不同段别的非电毫秒雷管，进行网路联接装药，除周边预裂孔外都采用连续装药结构。起爆网络采用非电毫秒雷管、导爆管，构成复式起爆网络。

(5)爆破防护

①爆破振动：在爆破中采用浅钻孔、密布眼、少装药、微差起爆、在掏槽孔中部设置大直径的空孔，邻近既有隧道侧预设减振空孔，通过短进尺、多台阶开挖措施控制爆破规模、最大单段药量，有效的降低爆破振动对既有铁路构筑物及设备的影响。

②爆破飞石：采用工字钢或钢管焊接搭建安全防护排架，靠爆破点方向在排架上采用胶帘、竹芭片、废旧轮胎覆盖有效阻挡爆破后飞石不伤及被保护建筑物，确保邻近既有铁路的正常安全运营。如图 10-12 所示。

图 10-12　安全防护排架

六、爆破监测

1. 监测项目

(1)爆破振速监测。在既有线隧道，离爆破点最近衬砌拱腰部位安装振速测试仪，保证爆破点距最近一板衬砌范围内有振速测试仪，结合现场实际在爆破区60～100 m范围内安装了振速测试仪（范围内每间隔10 m），并根据爆破进度前移。如图10-13所示。

图10-13　爆破振速监测

(2)异物坠落及结构监视。既有隧道如发现异物坠落，异物侵限自动监测预警系统自动捕捉功能可立即发出报警信号，现场将启动应急处置预案，并且可进行24小时不间断监控，有效解决了天窗点外人员不能进入既有隧道检查的弊端，预防爆破带来的运营风险。如图10-14所示。

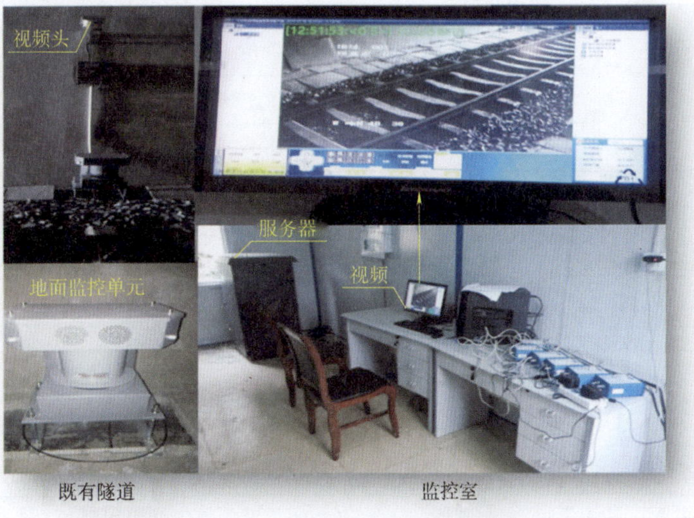

图10-14　异物坠落及结构监视

(3)隧道变形收敛、水平位移、轨道沉降监测。通过 R485 激光测距量仪实时测出隧道内轮廓特殊点(布置监测点,10 m 1 处,监测点断面布置如图 10-15 所示)相对位移变化,并传输到服务器,数据实时传输到值班设备。同步采用全站仪通过反光贴片监测位移,监测项目有轨道沉降,隧道结构水平位移、收敛、沉降以及接触网吊杆监测等。如图 10-15 所示。

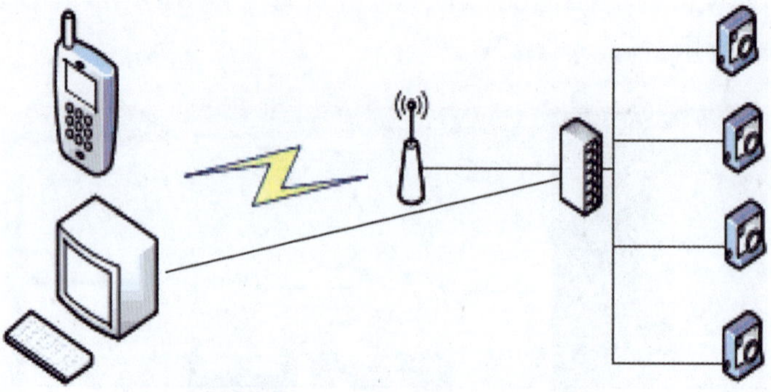

图 10-15　激光测距处理系统图

2. 监测频率

各监测项目监测频率见表 10-3。

表 10-3　各项目监测频率表

序号	监测对象	监测项目	一般情况	超过预警值	工程抢险
1	既有隧道结构	振动	每循环		
2	既有隧道	异物侵限	连续		
3	隧道结构变形监测	轨道沉降	2 次/d	4 次/d	连续测量
4		收敛	2 次/d	4 次/d	连续测量
5		水平位移、沉降	1 次/3 d	1 次/d	连续测量
6		接触网吊杆	1 次/3 d	1 次/d	连续测量

3. 监测标准

各监测项目的报警值见表 10-4。

表 10-4　各监测项目的报警值

序号	监测对象	监测项目	报警值		控制值		备　注
			累计值	速率	累计值	速率	
1	既有隧道结构	振动	2.5 cm/s(最大值)		3.0 cm/s(最大值)		
2	既有隧道	异物侵限	异物侵限随时报警				

续上表

序号	监测对象	监测项目	报警值		控制值		备　注
			累计值	速率	累计值	速率	
3	隧道结构变形监测	轨道沉降	2 mm	0.6 mm/d	3 mm	1 mm/d	
4		收敛	6 mm	连续两天	8 mm	连续三天	
5		水平位移	5 mm	连续两天	8 mm	连续三天	
6		沉降	6 mm	0.8 mm/d	8 mm	1.2 mm/d	
7		接触网吊杆	发生位移时报警				

4. 设备验收

监测设备安装完毕后，由建设单位组织施工、监理、监测和相关设备管理单位对监控设备的安装情况共同进行验收，确认后方可安排控爆施工。

5. 数据处理

现场测试人员应对监测数据的真实性负责，观测值和记事项目，必须在现场直接记录于观测记录表中，任何原始记录不得涂改、伪造和转抄，并有测试、记录人员签字。

6. 信息反馈

监测过程中及时将各项监测数据及初步分析结果反馈，制定应急预案，在监测数据发生急剧变化时，有关各方进行综合分析，预测各因素的发展趋势，提出施工建议，制定合理的解决办法，确保施工安全。

七、实施效果

实施过程中监测振速最大值为 2.53 cm/s，小于设计及安全评估控制值 3 cm/s。控爆施工过程中，未发现监测数据异常，人工检查未发现因爆破引起的既有设备变化，达到预期的安全控制目标，确保营业线行车安全。

第三节　安 全 管 理

一、按营业线高风险工点管理

将邻近营业线隧道爆破工程纳入高风险工点管理，每月纳入风险管理台账(包括：①风险研判，②风险因素，③控制措施，④包保人员，⑤检查要求)向铁路局相关部门、项目管理机构、设备管理单位公布。铁路局安监室、工务、电务、供电等相关部门，每月按规定定量检查；项目管理机构领导及主管工程师落实现场安全包保，包保领导每月检查不少于 2 次，主管工程师每月检查不少于 4 次；施工单位项目经理部、监理单位监理站领导跟班作业，现场监理工程师爆破过程旁站监理。

二、建立“三会”制度

实行“三会”管理制度，按规定召开协调会、预想会、总结会。车务部门牵头召开施工协调小组会，协调各专业事宜；施工单位、设备管理单位每日施工前 90 min 召开预想会，明确施工任务、人员责任、安全重点、防护体系；每日施工结束后召开总结会，总结施工经验，分析存在的问题，销号整改。

三、建立联合确认制度

每次天窗点内爆破后，必须由设备管理单位牵头，施工、监理、监测单位参加，对爆破施工既有线影响范围进行联合检查，对监控数据进行确认，共同进行一次全面检查。经现场检查并确认隧道、线路设备无变化后，方可办理线路开通手续。

四、建立安全处置预案

工程爆破中，如出现监测、检查出现异常情况，必须要按照“先排查确认、后开通线路”的原则进行处置。

五、建立专项考核管理制度

项目管理机构包保制度不落实，纳入项目管理机构月度绩效考核；设备管理单位不及时到场配合，纳入设备管理单位工作质量考核；施工单位、监理单位安全措施不落实或违反营业线安全制度，在给予经济处罚的同时，视情况纳入信用评价考核。

第四节 小　结

通过本工程实践，摸索出了邻近既有线隧道开挖施工的施工组织和开挖方法，实测了爆破参数对既有线的影响。

一、邻近营业线范围界定

邻近营业线范围是邻近营业线新建或扩建隧道爆破作业的前提，本次施工按距离营业线 100 m 以内的控制爆破须在营业线封锁天窗时间内实施，从实施监测数据来看，满足安全要求，并有一定的安全储备，可以根据现场实际围岩状况和既有线设备状态，适当减少控制范围。当新建或扩建隧道与既有线运营隧道并行或上穿时，净距可按 50 m 以内控制；新建或扩建隧道下穿既有线运营隧道时，净距可按 75 m 控制。

二、爆破振动速度控制值

《爆破安全规程》(GB 6722—2014)规定:当保护对象为交通隧道时,安全允许质点振动速度值在 10～20 cm/s 之间根据爆破类型选取。考虑铁路运输安全重要性,并结合其他类似工程经验,设计要求爆破振动速度控制值为 5.0 cm/s,本次施工按照 3.0 cm/s 进行控制。在隧道围岩较好、既有线设备状态良好的条件下,适当放宽控制值,选取 5.0 cm/s,以提高施工进度。

三、营业线监测及限速问题

本次施工对既有隧道和隧道内设备建立评估、观测体系,原计划在新建隧道爆破施工期间,安排检查人员进入既有隧道进行 24 小时人工巡查,人工进入营业线巡查,既有线须限速 120 km/h 及以下。后经进一步研究确定,以沉降监测、隧道变形检测、异物侵限监测、爆破振动监控等技术手段为主、人工检查为辅的监测方法,研究监测管理办法,避免既有线限速运营。